Christine Burkart
Dr. med. Ellen Maushagen-Schnaas
Dr. med. Thilo Gambichler

Neurodermitis

Christine Burkart
Dr. med. Ellen Maushagen-Schnaas
Dr. med. Thilo Gambichler

Neurodermitis

Erkennen und behandeln

MIDENA

Die medizinische Wissenschaft befindet sich in ständiger Entwicklung. Die Forschung an Universitäten, Kliniken und in der pharmazeutischen Industrie erbringt Tag für Tag Wissen, das in neue Behandlungsmethoden und Medikamente einfließt. Der vorliegende Ratgeber wurde mit größter Mühe und Sorgfalt geschrieben. Autoren, Redaktion und Verlag können aber dennoch keine Haftung für die Gültigkeit des Gesagten übernehmen. Der Leser ist in jedem Fall verpflichtet, die Beipackzettel der Medikamente genau zu lesen und alle Informationen über Dosierung, Nebenwirkungen und Gegenanzeigen zu berücksichtigen. Im Zweifelsfalle ist der Arzt oder Apotheker um Rat zu fragen, wie auch andere wichtige Entscheidungen zur Behandlung immer mit dem Arzt abzusprechen sind.

Die Deutsche Bibliothek – CIP-Einheitsaufnahme
Burkart, Christine:
Neurodermitis : erkennen und behandeln / Christine Burkart ; Ellen Maushagen-Schnaas ; Thilo Gambichler. – Küttigen/Aarau :
Midena, 1996
ISBN 3-310-00246-2
NE: Maushagen-Schnaas, Ellen:; Gambichler, Thilo:

Midena Verlag, CH-5024 Küttigen/Aarau

Konzeption und Produktion: Hampp-Verlag, Würzburg/
MediText Dr. Magda Antonic, Stuttgart
Zeichnungen: Winfried Bährle; Antonio Muñoz
Fotos: Fachklinik für Psychosomatische Dermatologie und Psychotherapie Wersbacher Mühle (9); Klinikzentrum Bad Sulza (4)
Umschlaggestaltung: Parzhuber & Partner, München
Satz: Claudia Tiffinger, Aidlingen
Druck und Bindung: Ueberreuter, Korneuburg

Gedruckt auf umweltfreundlich chlorfrei gebleichtem Papier
Printed in Austria

ISBN 3-310-00246-2

Vorwort

Die Zahl der Neurodermitis-Patienten nimmt kontinuierlich zu. Allein in Deutschland sind heute schon über zwei Millionen von dieser Krankheit betroffen. Die Symptome (hauptsächlich entzündliche Ausschläge und quälender Juckreiz) haben gravierende Auswirkungen auf ihren Alltag. Hinzu kommt, daß Neurodermitis bei jedem Patienten andere Charakterzüge annehmen kann und häufig mit anderen atopischen Erkrankungen wie allergischem Asthma und Heuschnupfen kombiniert ist.

Es gibt bis heute keine Möglichkeit, diese Krankheit endgültig zu heilen, aber es gibt viele Wege, die Symptome effektiv zu lindern bis hin zur dauernden Erscheinungsfreiheit. Ein umfassend informierter Patient kann sehr viel dazu beitragen, in Zusammenarbeit mit dem erfahrenen Arzt Neurodermitis-Schübe erfolgreich zu behandeln und sogar Komplikationen vorzubeugen.

Der vorliegende Ratgeber stellt zunächst das Krankheitsbild dar und erörtert mögliche Auslöser für das Auftreten der Neurodermitis. Anschließend werden die Möglichkeiten der Behandlung geschildert. Sie finden Ratschläge für die geeignete Ernährung und vor allem zahlreiche Tips zur leichteren Bewältigung des Alltags.

Verstehen Sie dieses Buch aber bitte nicht als Anleitung zur Selbstbehandlung! Ein Neurodermitis-Patient gehört auf alle Fälle zum Arzt. Doch je besser Sie als Patient informiert sind, um so schneller wird es Ihnen gelingen, Ihre Erkrankung gemeinsam mit dem kompetenten Facharzt in den Griff zu bekommen. Dabei wünschen wir Ihnen viel Erfolg!

Die Autoren

Inhalt

Was ist Neurodermitis?

Neurodermitis ist eine Erkrankung der Haut, die auf den ersten Blick an großflächigen Ekzemen und starkem Juckreiz erkennbar ist. Doch es gibt eine ganze Reihe weiterer Symptome, unterschiedliche Verlaufsformen in den verschiedenen Altersstufen und nicht zuletzt zahlreiche Definitionen und Bezeichnungen, die den Laien allzuoft verwirren. Deshalb finden Sie im ersten Kapitel die wichtigsten grundlegenden Informationen über Neurodermitis sachlich und präzise zusammengestellt.

Wie sieht die gesunde Haut aus?

Gesunde Haut hat für den Organismus eine Fülle von Funktionen, die wir uns gar nicht immer bewußtmachen. Bevor wir nun erklären, welche dieser Funktionen bei Neurodermitis gestört sind, sei der Aufbau der gesunden Haut kurz dargestellt.

Welche Hautschichten gibt es?

Jede Zelle hat ihre spezifische Aufgabe.

Man unterscheidet Oberhaut, Lederhaut und Unterhaut. In der Oberhaut befinden sich über zwanzig verschiedene Arten von Zellen. Die wichtigsten sind die hornbildenden Zellen (Keratinozyten), die Pigmentzellen (Melanozyten) und eine besondere Form von Abwehrzellen, die sogenannten Langerhans-Zellen.

In der untersten Schicht der Oberhaut, der Schicht der Keratinozyten (Basalzellen), findet die Zellteilung der hornbildenden Zellen statt. Sie wandern langsam an die

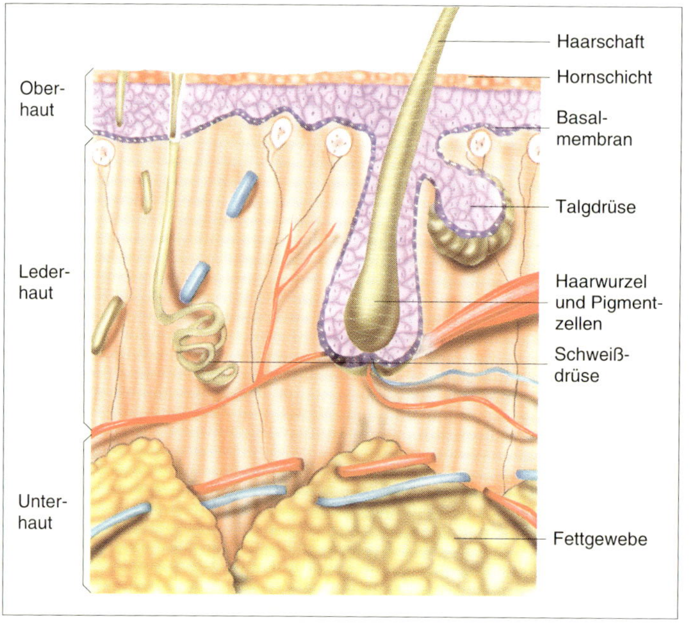

Die Haut mit ihren einzelnen Bestandteilen wird in drei Schichten unterteilt: Oberhaut, Lederhaut und Unterhaut.

Oberfläche und schützen dort die Haut gegen schädliche äußere Einflüsse. Sie sterben ab und schützen als Hornhaut besonders belastete Bereiche der Hautoberfläche; diese Schicht ist relativ dick und strapazierfähig.

Die Oberhaut hat Schutz- und Abwehrfunktion.

Außerdem haben die Keratinozyten eine Art „Polizeifunktion“: Sobald Krankheitserreger oder andere unerwünschte Fremdkörper in die Haut eindringen, alarmieren die Keratinozyten eine Reihe von speziellen Abwehrzellen in der Haut und im Blut, die diese Eindringlinge dann gezielt bekämpfen. Zu diesen Abwehrzellen gehören die Langerhans-Zellen, die andere Abwehrzellen (unter anderem Lymphozyten) aktivieren, Eindringlinge zu zerstören. Durch den Kontakt mit diesen Fremdstoffen entwickeln die Immunzellen ein Gedächtnis zur schnelleren Wiedererkennung.

Die Melanozyten schließlich bilden den Farbstoff Melanin und filtern damit die gefährliche ultraviolette Strahlung ab.

Was passiert in der Lederhaut?

Die Lederhaut ist deutlich dicker als die Oberhaut und von Blutgefäßen und Nervenfasern durchzogen. Hier findet das Empfinden von Druck, Schmerz, Berührung und Temperatur statt.

Die Lederhaut versorgt die Oberhaut mit wichtigen Nährstoffen.

Zwischen der Oberhaut und der Lederhaut befindet sich die Basalmembran. Hier läuft eine Fülle von Stoffwechselvorgängen ab, denn die Oberhaut hat keine eigenen Blutgefäße und muß von denen der Lederhaut mit versorgt werden.

Welche Aufgabe hat die Unterhaut?

Die Unterhaut besteht hauptsächlich aus Fettgewebe. Hier liegen die Haarwurzeln sowie die Talg- und Schweißdrüsen; in die Unterhaut sind auch die größeren Blutgefäße und Nervenstränge eingebettet.

Die Unterhaut speichert Fett und Feuchtigkeit.

Die Talgdrüsen sind ungleichmäßig verteilt.

Die Talgdrüsen befinden sich meist neben den Haarfollikeln und nutzen diese sozusagen als Straße, um den Talg an die Hautoberfläche zu transportieren. Dort hat er eine wichtige Abwehr- und Schutzfunktion und sollte sich deshalb möglichst gleichmäßig verteilen. Die Talgmenge, die der Organismus bildet, hängt von verschiedenen Faktoren ab:

- In manchen Körperregionen gibt es mehr Talgdrüsen als in anderen: Die sogenannte T-Zone im Gesicht (Stirn, seitlicher Nasenbereich und Kinn) weist zum Beispiel eine besonders starke Talgbildung auf.
- Weniger Talgdrüsen liegen an den Armen und Beinen; dort wird die Haut oft zu trocken.
- Auch die Sexualhormone spielen eine Rolle: Männliche Hormone unterstützen, weibliche bremsen die Talgbildung.
- Mit zunehmendem Lebensalter geht die Menge an Hauttalg deutlich zurück; der Höhepunkt der Produktion liegt in der Pubertät.

Der Talg ist ein wichtiger Teil des Schutzmantels der Haut (Wasser-Lipid-Mantel oder Wasser-Fett-Mantel); als solcher hat er die Funktion, die Haut vor schädlichen Einwirkungen und vor allem vor Austrocknung zu schützen. Durch den Wasser-Lipid-Mantel wird auch der Feuchtigkeitsgehalt reguliert: Die Feuchtigkeit wird gebunden oder abgegeben und so die Geschmeidigkeit und Elastizität der Haut bewahrt.

Wie reagiert die Haut auf Einflüsse von außen?

Gesunde Haut regelt ihren Wasserhaushalt selbst.

Als wichtiges Schutzorgan des Organismus muß die Haut vielseitig und flexibel reagieren:

Bei Hitze oder Kälte erweitert oder verengt sie ihre Gefäße; zusätzlich wird bei Wärme Schweiß abgesondert, der durch die Verdunstung auf der Hautoberfläche für Abkühlung sorgt.

Gegen dauernde mechanische Belastung bildet die Haut durch Verdickung der Hornschicht Schwielen; die Elastizität der Oberfläche schützt vor kleineren „Attakken“ wie Stiche und Stöße.

Die menschliche Haut ist gegen vielerlei Attacken gerüstet.

Solange der natürliche Säureschutzmantel der Haut und der Wasser-Lipid-Mantel nicht geschädigt sind, wehren sie chemische Einflüsse ab.

Gegen übermäßiges ultraviolettes Licht setzt sich die Haut mit Pigmentbildung und Verdickung der Oberhaut (Lichtschwiele) zur Wehr.

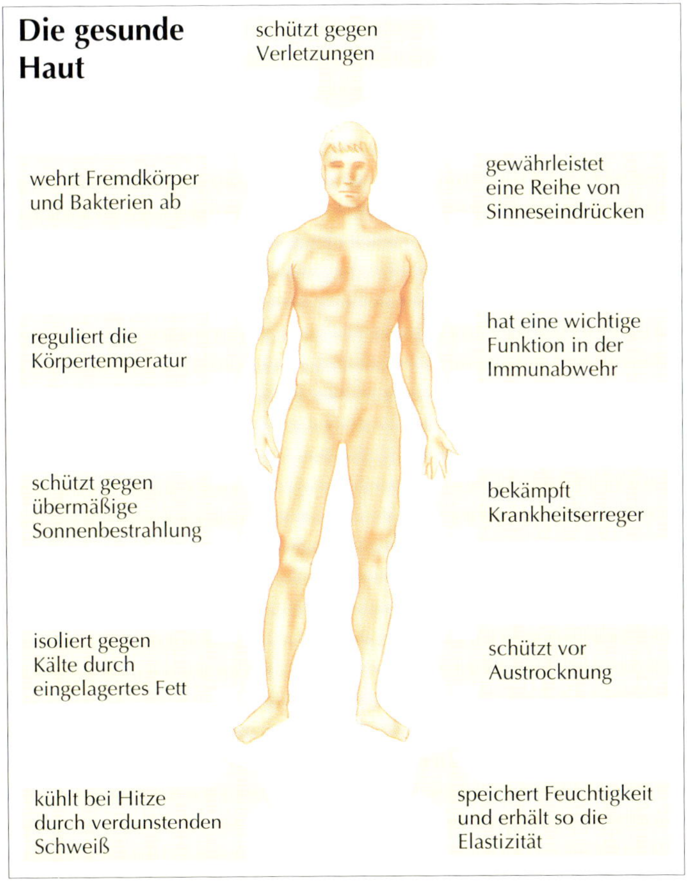

Die Haut – ein komplexes und vielseitiges Schutz-, Abwehr- und Regulierungssystem des Organismus.

Was umfaßt der Begriff Neurodermitis?

Die Bezeichnung Neurodermitis weckt bei vielen sofort die Assoziation mit großflächigen Hautausschlägen, Entzündungen und starkem Juckreiz. Die damit verbundenen Probleme sind für die Betroffenen vielfältig: Schlafstörungen und Konzentrationsschwierigkeiten, psychische Belastungen und nicht selten auch das gleichzeitige Auftreten von Asthma oder Heuschnupfen machen den Patienten und Menschen in ihrer Umgebung das Leben häufig sehr schwer.

Hinzu kommt, daß die Krankheit in den letzten Jahren wesentlich häufiger auftritt: Vor allem immer mehr kleine Kinder sind davon betroffen, und die Zahl der Erkrankten beträgt in Deutschland bereits über zwei Millionen.

Was bedeutet das Wort Neurodermitis?

Neurodermitis ist die Bereitschaft zur Hautentzündung durch psychische Belastung.

Das Wort selbst kommt aus dem Lateinischen und Griechischen (neuricus = nervlich, derma = die Haut, -itis = Entzündung) und weist auf die steigende Entzündungsbereitschaft der Haut bei nervlichen und psychischen Belastungen hin.

Außer dem Begriff Neurodermitis gibt es im medizinischen und allgemeinen Sprachgebrauch zahlreiche weitere Bezeichnungen, die den Laien oftmals in Verwirrung stürzen. Zum Teil betonen sie die erbliche Ursache und die früher eher untypische, auf Ausnahmen begrenzte Überempfindlichkeit gegenüber Umweltreizen:

- atopisches Ekzem,
- Neurodermitis atopica,
- endogenes Ekzem,
- Neurodermitis constitutionalis,
- Neurodermitis disseminata,
- atopische Dermatitis

Dies alles sind nur verschiedene Namen für ein und dieselbe Erkrankung. In diesem Buch werden Sie hauptsächlich die Begriffe „Neurodermitis" und „atopisches Ekzem" finden.

Wie lange „dauert" Neurodermitis?

Um es kurz zu fassen: Neurodermitis ist aufgrund der erblichen Anlage der Hauterkrankung nicht grundsätzlich heilbar. Der Verlauf dieser Krankheit ist meistens langwierig und selbst für den erfahrenen Arzt unberechenbar. Jeder, bei dem einmal Neurodermitis diagnostiziert wurde, muß sich darauf einstellen, immer wieder unter Rückfällen zu leiden. Das Schlimme daran ist, daß sich die Symptome ja auf der Haut zeigen, also für jeden sichtbar sind. Das kann auf Dauer zu erheblichen psychischen Belastungen führen.

Bei Neurodermitis können Sie Beschwerdefreiheit ohne Hauterscheinungen und Juckreiz erreichen, aber keine völlige Heilung.

Wenn ein Kind an Neurodermitis erkrankt ist, leidet meist die ganze Familie mit.

Aber es gibt auch gute Nachrichten: In vielen Fällen nehmen die Beschwerden im Laufe der Jahre ab: Nur etwa 3 % der erkrankten Kinder werden auch als Erwachsene noch unter Hautausschlägen leiden müssen. Voraussetzung ist natürlich eine kontinuierliche und auf den jeweiligen Hauttyp abgestimmte Pflege, damit Rückfälle dauerhaft vermieden werden.

Und was können Sie tun?

Die Möglichkeiten zur Behandlung und Vorbeugung akuter Ekzemschübe waren noch nie so gut wie heute. Wer sich als Patient (oder Angehöriger) aktiv und bewußt mit dieser Erkrankung auseinandersetzt, hat die besten Chancen, die Symptome und Auswirkungen der Neurodermitis deutlich zu lindern. Je gründlicher Sie informiert sind, um so einfacher können Sie die Anzahl und Schwere der Rückfälle dauerhaft reduzieren.

Umfassende Information ist das A und O einer effektiven Behandlung.

An welchen Symptomen erkennt man Neurodermitis?

Die auffallendsten Symptome sind sicherlich die oftmals großflächigen Entzündungen und der unerträgliche Juckreiz. Bis heute ist noch nicht eindeutig geklärt, welches die Ursache und welches die Wirkung ist: Entsteht der Juckreiz durch das Ekzem, oder löst erst das Kratzen die Hauterscheinungen aus?

Wie entsteht der Juckreiz?

Ein einfaches Erklärungsmodell geht davon aus, daß verschiedene Faktoren die Haut negativ beeinflussen. Das kann ein kratziger Wollstoff sein, ein bestimmtes Nahrungsmittel, Streß oder Ärger und manches mehr. Daraufhin setzen Mastzellen oder andere Entzündungszellen in der Haut Mediatoren (Botenstoffe) frei, die den Juckreiz auslösen. Unter diesen Mediatoren befindet sich auch das bekannte Histamin, nach dem eine Reihe von juckreizstillenden Medikamenten Antihistaminika genannt wurden.

Bei Neurodermitis-Patienten werden solche Mediatoren leichter ausgeschüttet als bei gesunden Menschen. Außer dem lästigen Juckreiz verursachen sie eine auffällige Rötung und Schwellung der betroffenen Hautpartien. Fatalerweise reagiert die Haut auf leichtes Kratzen mit weiteren juckreizfördernden Stoffen, und so entsteht rasch ein Teufelskreis, aus dem es so schnell kein Entkommen gibt.

Welche Folgen hat der Juckreiz?

Es gibt viele Auslöser, die die Ausschüttung von Mediatoren fördern.

Die erste Folge von ständigem Juckreiz ist natürlich ein allgemeines Unwohlsein. Schlimm wird es dann am Abend und in der Nacht: Der Organismus schaltet auf „Erholung“ um, und in diesem Zustand können die Mediatoren noch schneller freigesetzt werden. Leichtes

Kratzen in der Einschlafphase tut ein übriges, und so ist es kein Wunder, wenn der Neurodermitis-Patient immer wieder aus dem Schlaf erwacht. Blutige Bettlaken und Pyjamas sind noch das geringere Übel. Am schlimmsten empfinden die Kranken das oft quälend lange Wachliegen und die Angst vor dem nächsten Tag. Logischerweise sind sie dann tagsüber häufig müde, unkonzentriert, unruhig und leicht reizbar, was wiederum zu vermehrtem Juckreiz führt.

Welches sind typische Merkmale der Neurodermitis?

Für den erfahrenen Hautarzt gibt es eine ganze Reihe von typischen Anzeichen, die auf eine Neurodermitis hinweisen, so zum Beispiel:

- auffallend trockene bis schuppende Haut
- Blässe im Gesicht
- Schatten um die Augen
- Blaßwerden der Haut bei Druck
- Vergröberung der Hautoberfläche
- doppelte Unterlidfalte
- pelzkappenartiger Haaransatz
- Lichtung der seitlichen Augenbrauen
- Schuppung und Einrisse an den Fingerkuppen
- Unverträglichkeit auf Wolle
- starker Juckreiz
- Ekzeme an Händen und Füßen
- Neigung zu Hautinfektionen durch Krankheitserreger (Viren, Bakterien)
- trockene, entzündete Lippen
- kleine Schrunden in den Mundwinkeln und an den Ohrläppchen
- ausgeprägte Nackenfalten
- Juckreiz auch beim Schwitzen
- Unverträglichkeit auf bestimmte Nahrungsmittel
- leichte Beeinflußbarkeit durch äußere Faktoren (Ärger, Kummer, Streß)

Welche Funktionen der Haut sind bei Neurodermitis gestört?

Am deutlichsten fällt beim Neurodermitis-Patienten die Trockenheit der Hautoberfläche auf. Die Produktion des körpereigenen Hauttalgs ist bei dieser Krankheit reduziert, und das hat erhebliche Konsequenzen für die Widerstandsfähigkeit der Haut.

Körpereigener Hauttalg wäre die beste Medizin.

Hauttalg besteht unter anderem aus Wasser, verschiedenen Fettsubstanzen, Salzen, Eiweißbausteinen (Aminosäuren) und Harnstoff. Im Grunde wäre er, in der richtigen Dosierung verabreicht, das ideale Pflegepräparat. Da jedoch jeder Mensch seinen Talg in eigener, individueller Zusammensetzung bildet, ist es nicht möglich, ein solches Präparat, das für viele Anwender dasein müßte, künstlich herzustellen.

Wenn die Haut nun zuwenig Talg bildet, kann sich, da meistens gleichzeitig auch die Schweißsekretion beeinträchtigt ist, die vorhandene Talgmenge nicht gleichmäßig genug über die Hautoberfläche verteilen. Der Schutz gegen Austrocknung ist nicht mehr gewährleistet, und so können durch die trockenen, porösen Hautstellen auch zahlreiche Krankheitserreger wie zum Beispiel Bakterien oder Viren leichter eindringen. Trockene Haut wird rissig und verliert ihre Elastizität.

Bei Talgmangel trocknen auch die unteren Hautschichten aus.

In den unteren Hautschichten wird ebenfalls nicht mehr genügend Feuchtigkeit gespeichert, weil die Haut des Neurodermitikers weniger Harnstoff enthält als die gesunde Haut. Dieser ist für den Wassergehalt in den inneren Hornschichten verantwortlich.

Die Haut wird also spröde, leicht rissig und natürlich sehr empfindlich. Da der Wasser-Lipid-Mantel nicht mehr den nötigen Schutz bietet, ist auch die Alkaliresistenz stark eingeschränkt, das heißt, der natürliche Schutzmantel gegen Laugen (Seife) schwindet.

Was versteht man unter einer verminderten Alkaliresistenz?

Normalerweise hat die Hautoberfläche einen leicht sauren pH-Wert und ist ziemlich widerstandsfähig gegenüber alkalischen Stoffen wie zum Beispiel Seife.

Wenn nun der Wasser-Lipid-Mantel beschädigt ist, reagiert die Haut oftmals bereits beim Kontakt mit Seifenlauge mit einem Ekzem. Deshalb sollten sich Neurodermitis-Patienten grundsätzlich nie mit gewöhnlicher Seife waschen!

Welche Ursachen sind für die gestörte Talgproduktion verantwortlich?

Zum einen kann die Veranlagung zu trockener Haut natürlich vererbt sein. Zum anderen unterliegt auch die natürliche Talgproduktion des Organismus im Laufe des Lebens starken Schwankungen:

Im Mutterleib und auch noch eine Zeitlang nach der Geburt wird die Babyhaut von einer dicken Talgschicht (Käseschmiere) geschützt. Danach geht die Talgbildung zurück, um in der Pubertät aufgrund der Sexualhormone wieder deutlich anzusteigen. Im Laufe der folgenden Jahre geht die Produktion dann kontinuierlich zurück. Viele ältere Menschen haben Probleme mit trockener Haut, und bei zu intensiver Verwendung von Wasch- und Reinigungsprodukten entsteht dann rasch ein Austrocknungsekzem.

Je nach Lebensalter bildet der Organismus mehr oder weniger Talg.

Vor allem in den Hautregionen, in denen sowieso schon weniger Talgdrüsen sitzen, wie zum Beispiel an den Armen und Beinen oder am seitlichen Rumpf, kann sich beim Neurodermitis-Patienten schnell ein Austrocknungsekzem entwickeln. Neben der verminderten Fettproduktion und gestörter Alkaliresistenz der Haut kommt es auch zu einem erhöhten Wasserverlust über die obere Hautschicht.

Was sind typische Begleit-erscheinungen?

Bei vielen Neurodermitis-Patienten ist außer der Haut auch das vegetative Nervensystem in Mitleidenschaft gezogen. Das macht sich folgendermaßen bemerkbar:

Die vorhandene Talgmenge kann nicht gleichmäßig verteilt werden.

Die Schweißabsonderung ist gestört. Das bedeutet, daß der Patient in den Armbeugen und Kniekehlen mehr, am übrigen Körper deutlich weniger schwitzt als ein gesunder Mensch. Auch verliert er beim Schwitzen mehr Feuchtigkeit, so daß der trockene Hautzustand noch verschlimmert wird.

Bei Neurodermitis treffen wir oft auf die sogenannte „weiße Hautschrift" (weißer Dermographismus): Wenn man normalerweise mit einem harten Gegenstand über die Haut reibt, wird sie rot, hier wird sie jedoch weiß, weil eine Neigung zur Gefäßverengung besteht.

Nächtliche Juckreiz-Attacken kann der Patient im Halbschlaf nicht steuern.

Das größte Problem tritt nachts auf, wenn sich das vegetative Nervensystem in der Ruhephase befindet: Dann nämlich werden die juckreizauslösenden Mediatoren noch leichter ausgeschüttet als tagsüber; der Patient kratzt sich im Schlaf, und das führt wieder zu verstärktem Juckreiz.

Außer diesen Symptomen gibt es noch weitere Hauterscheinungen, die zum Teil direkt durch den Kontakt mit toxischen (giftigen) Stoffen, zum Teil durch sekundäre allergische Reaktionen ausgelöst werden.

Welche äußerlichen Einflüsse führen zu Begleiterkrankungen?

Wenn die anlagebedingte Neigung zum Ekzem vorliegt, reicht manchmal schon zu häufiges Waschen mit klarem Wasser aus, damit es zur Bildung eines sogenannten Abnutzungsekzems kommt.

Darüber hinaus gibt es viele weitere Faktoren, die das typische atopische Ekzem auslösen können. Hierzu zählen zum Beispiel Infekte durch Viren oder Bakterien, klimatische Bedingungen und Jahreszeiten, aber auch Allergene wie Pollen oder Tierhaare. Zum anderen kann durch Kontakt mit hautschädigenden Stoffen ein toxisch-degeneratives Ekzem (Abnutzungsekzem) entstehen. Gefährlich sind hier eine Vielzahl von Putz-, Reinigungs- und Desinfektionsmitteln, Lacken und manchmal sogar schon stark entfettende Seifen. Sonderformen sind das Hausfrauenekzem und das Austrocknungsekzem, auf die an späterer Stelle noch genauer eingegangen wird. Schließlich können auch allergieauslösende Substanzen wie zum Beispiel Nickelsulfat ein Ekzem auslösen (allergisches Kontaktekzem). Die meisten dieser Stoffe lassen sich durch Allergietests genau definieren und müssen anschließend vom Patienten strikt gemieden werden, um Rückfälle durch erneute Kontakte konsequent zu vermeiden.

Ziehen Sie zum Putzen Handschuhe an!

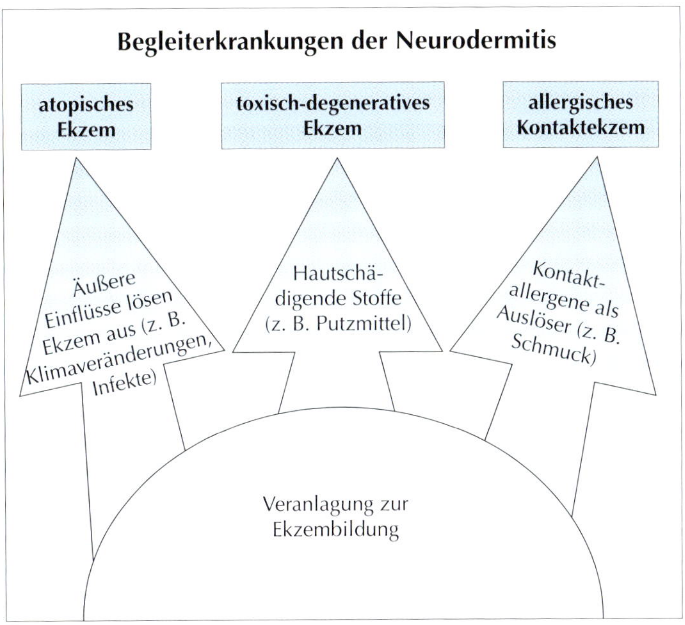

Bei einem Neurodermitiker können die unterschiedlichsten Faktoren zu einer Ekzembildung führen. Je nach Art der Einwirkung von außen unterscheidet man drei Ekzemgruppen voneinander.

Wie verläuft die Neurodermitis bei Säuglingen und Kleinkindern?

Die Symptome der Neurodermitis sind abhängig vom Alter des Patienten. Man unterscheidet im wesentlichen drei Gruppen mit einer unterschiedlichen Ausprägung: Säuglinge und Kleinkinder, Kinder zwischen drei und achtzehn Jahren und Erwachsene.

Was ist Milchschorf?

Milchschorf ist keine Milch-Allergie!

Bei Milchschorf handelt es sich um ein Ekzem, das bei Säuglingen meist um den dritten Lebensmonat erstmals auftaucht. In dieser Phase wird das Kind oft schon abgestillt und die Ernährung auf Kuhmilch umgestellt. Deshalb wurde früher angenommen, daß an der Ekzembildung eine Kuhmilchallergie schuld sei; diese liegt jedoch in den seltensten Fällen wirklich vor.

Die Bezeichnung Milchschorf bezieht sich auf das Aussehen der Krusten – sie erinnern oberflächlich an angetrocknete Milch.

Wo tritt das Ekzem in Erscheinung?

Zunächst werden hauptsächlich Kopf und Gesicht in Mitleidenschaft gezogen. Auf dem behaarten Kopf finden sich schuppig-verkrustete Auflagerungen. Im Gesicht sind besonders Stirn und Wangen befallen; Nase und Kinn bleiben meist verschont.

Mit zunehmendem Alter sind auch andere Körperpartien betroffen; hier muß man bei einem Säugling natürlich besonders auf den Windelbereich achten. Da die Hautoberfläche bei Neurodermitis sowieso geschädigt ist, haben Pilze und Bakterien hier leichtes Spiel. In einer gutsitzenden (luftundurchlässigen) Windel entsteht schnell eine lästige Windeldermatitis. Dann sollten Sie auf jeden Fall Ihren Haut- oder Kinderarzt um Rat fragen. Für Babys ist der Juckreiz schlimm, und mit ihrem Schreien bringen sie Erwachsene oft zur Verzweiflung.

Wie ändert sich die Neurodermitis im Kleinkindalter?

Das Ekzem tritt nun als Beugenekzem in Erscheinung: Es wandert und sucht vor allem die Ellenbeugen und Kniekehlen heim, später auch noch Hals, Hand- und Fußgelenke sowie Handrücken.

Im akuten Stadium entstehen auf der Haut kleine Knötchen (Prurigo-Form). Sie verursachen starken Juckreiz, der erst nachläßt, wenn die Knötchen aufgekratzt sind. Danach trocknen sie ein und verkrusten.

Mit zunehmendem Alter wird die Erkrankung chronisch: Der Juckreiz bleibt auch nach Abheilen der Knötchen noch bestehen. Durch das ständige Kratzen wird die Haut immer trockener; die Oberfläche verdickt und vergröbert sich (sogenannte Lichenifikation). Dann ist eine konsequente intensive Pflege der angegriffenen Haut unumgänglich.

Worunter leiden die Kinder am meisten?

Immer noch das schlimmste Symptom: der ständige Juckreiz.

Natürlich gibt es auch hier das Problem der schlaflosen Nächte und infolgedessen Konzentrationsmängel und Leistungsabfall in der Schule. Doch das größere Handicap liegt darin, daß viele Menschen immer noch Angst haben, sie könnten sich bei einem Neurodermitis-Patienten anstecken, und entsprechend den Kontakt zu ihm einschränken. Solche Reaktionen sind völlig unnötig und schaden dem Selbstbewußtsein von Kindern enorm. Sie fühlen sich zurückgewiesen; das verstärkt Unwohlsein und Juckreiz, die Kinder kratzen wieder. Hier kann durch die richtige Information und Toleranz vieles getan werden, um den Kindern ihre Situation zu erleichtern.

Welche Ausprägungen gibt es bei Erwachsenen?

In manchen Fällen geht die Neurodermitis nach der Pubertät von selbst deutlich zurück. Die Anfälligkeit für Ekzeme besteht zwar ein Leben lang, doch mit konsequenter vorbeugender Pflege lassen sich weitere Krankheitsschübe oftmals verhindern.

Es kommt aber genauso vor, daß die Neurodermitis auch im Erwachsenenalter zunächst bestehenbleibt. Dann befällt sie hauptsächlich den Rumpf und die Extremitäten, aber auch Gesicht, Ohr, Hals und Hände.

Welche Symptome zeigen sich beim Erwachsenen?

Durchkratzte Nächte werden zum Hauptproblem.

Am häufigsten treten die Prurigo-Knoten auf, die erst dann ihren quälenden Juckreiz verlieren, wenn sie tief aus der Haut herausgekratzt sind. Vor allem nachts kann sich der Juckreiz zu richtigen Anfällen steigern. Schlaflosigkeit und Übermüdung führen zu Leistungsminderung und Unzufriedenheit; das wiederum verstärkt die Hautprobleme.

Deutliche Folgen zeigt vor allem der Juckreiz im Gesicht: Auf der Stirn sind viele meist strichförmige Kratzspuren erkennbar, die seitlichen Augenbrauen leiden so stark unter den Kratzattacken, daß sie oft ausfallen, und gegen den quälenden Juckreiz im und am Ohr hilft auch das Reiben und Bohren mit dem Zeigefinger nicht mehr viel, sondern steigert den Reiz nur noch.

Kann die Neurodermitis auch erst im Erwachsenenalter ausbrechen?

Es kommt selten vor, ist aber möglich, daß jemand erst im Erwachsenenalter an Neurodermitis erkrankt. Ein Patient, der von Kindheit an unter Ekzemen und Juckreiz gelitten hat, konnte sich über einen langen Zeitraum mit der Krankheit auseinandersetzen. Im Gegensatz dazu ist es für einen später Erkrankten natürlich um so schwieriger, sich so plötzlich auf das Leiden einzustellen. Er hat viel größere Schwierigkeiten mit dem Ekzem und den Folgeerscheinungen, und nicht selten ist deshalb eine zusätzliche psychologische Betreuung von großem Nutzen für alle Beteiligten.

Nehmen Sie im Ernstfall ruhig auch psychologische Beratung in Anspruch!

Wo liegen die Probleme für den Erwachsenen?

Wahrscheinlich ist es nicht einmal die medizinische Seite, die dem Erwachsenen die größten Schwierigkeiten bereitet; die daraus resultierenden Folgen für die alltäglichen Situationen sind meistens gravierender: Gefühle von Scham und Minderwertigkeit können dazu führen, daß sich der Patient in Gesellschaft anderer Menschen nicht mehr wohl fühlt; er meidet Begegnungen und Sozialkontakte jeder Art und zieht sich immer mehr in die Isolation zurück.

Bei schwerem Verlauf der Neurodermitis wird die ganze Familie in Mitleidenschaft gezogen. Hier sind Verständnis und Rücksichtnahme vor allem von seiten des Partners die wichtigsten Voraussetzungen, um mit der Krankheit zurechtzukommen. Ablehnung verursacht Streß und verschlimmert die Krankheit weiter.

Wann hört die Neurodermitis auf?

Jenseits des dreißigsten Lebensjahres sind einige der als Kind Erkrankten beschwerdefrei. Das bedeutet aber nicht, daß das Problem Neurodermitis ein für allemal gelöst ist: Auch die erscheinungsfreie Haut braucht weiterhin intensive Pflege, sonst kommt es zu Rückfällen oder Ekzemvarianten. Außerdem besteht das Risiko, daß sich im Laufe der Zeit anstelle der Hauterscheinungen Schleimhautbeschwerden entwickeln wie zum Beispiel Heuschnupfen oder Asthma.

Mit konsequenter Pflege erreichen Sie, daß die Beschwerden deutlich vermindert werden oder sogar völlig verschwinden.

Wie entsteht Neurodermitis?

Wird Neurodermitis vererbt? Warum bricht sie bei manchen so heftig aus und bei anderen nicht? Welche Faktoren sind schuld an der jeweiligen Schwere des Verlaufs? Mit diesen und vielen anderen Fragen sehen sich Neurodermitis-Patienten konfrontiert, und hier finden Sie die Antworten darauf. Sie erfahren unter anderem, wie Neurodermitis entsteht, wie Haut und Körper auf die verschiedenen Auslöser reagieren und welche Begleiterkrankungen im Zusammenhang mit Neurodermitis auftreten können.

Ist Neurodermitis eine Erbkrankheit?

Neurodermitis als solche ist nicht vererbbar. Was dagegen von den Eltern an die Kinder weitergegeben wird, ist die Neigung des Organismus, auf bestimmte Reize mit bestimmten Krankheitserscheinungen zu reagieren. Diese Reaktionsbereitschaft wird auch als Atopie bezeichnet.

Vererbt wird nur eine Veranlagung; die Symptome sind personenspezifisch.

Der Begriff Atopie bedeutet also, daß der Körper des Patienten unter gewissen Voraussetzungen an bestimmten Organsystemen überempfindlich oder zuweilen sogar allergisch reagiert. An der Haut treten die Reaktionen in Form von Ekzemen auf, an den Schleimhäuten von Augen und Nase äußern sie sich als Heuschnupfen, an den Bronchien besteht die Gefahr, daß sich allergisches Asthma entwickelt.

Wie hoch ist das Risiko?

Wenn ein Elternteil Neurodermitis hat oder als Kind hatte, liegt die statistische Wahrscheinlichkeit, daß auch das Kind an Neurodermitis erkrankt, im Normalfall bei 30 %. Waren beide Eltern betroffen, so steigt das Risiko für die Kinder auf 60 %. Bei eineiigen Zwillingen leiden 85 %, bei zweieiigen etwa 30 % gemeinsam am atopischen Ekzem.

Diese erbliche Neigung zu Hauterscheinungen ist außerdem bei 11 % der Patienten mit einer Anfälligkeit für Heuschnupfen und bei 17 % mit einer Anfälligkeit für allergisches Asthma verbunden.

Aufgrund der Veranlagung allein entsteht aber noch kein Ekzem. Dafür müssen bestimmte Auslöser ins Spiel kommen, die sowohl äußeren als auch inneren Ursprungs sein können. Sie sind von Patient zu Patient verschieden. Deshalb gibt es auch keine allgemeingültige Ursachenbestimmung und kein Patentrezept für die Behandlung von Neurodermitis.

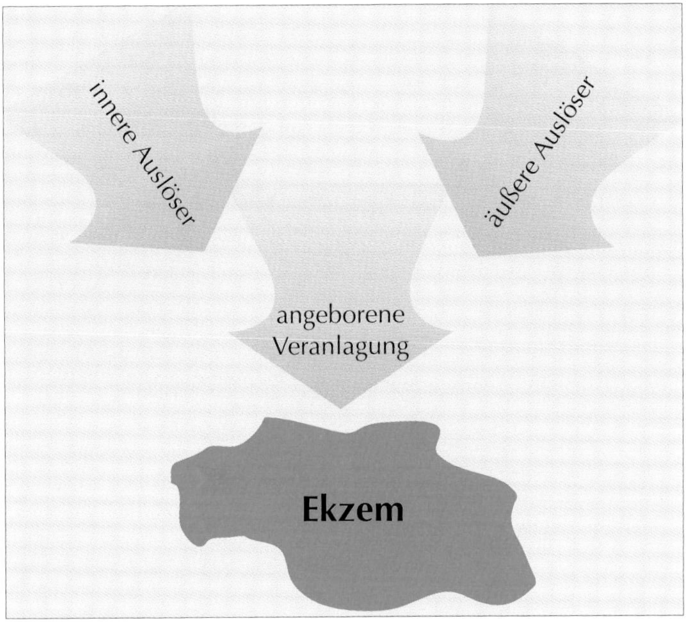

Ein Neurodermitiker besitzt eine Veranlagung zur Ekzembildung. Sein Körper wartet gewissermaßen nur auf auslösende Faktoren.

Wie kommt es zum Ekzemausbruch?

Die Bereitschaft zum Ekzemausbruch ist wie ein schlafender Löwe, der erst durch bestimmte Auslöser geweckt wird. Die Vielfalt dieser Gegebenheiten spiegelt sich in der Vielzahl der möglichen Behandlungsmethoden wider. Nur beziehen sich viele dieser Methoden ausschließlich auf die Hauterscheinungen, also auf das letzte Glied in der Kette, und nicht auch auf die auslösenden Ursachen des Ekzems.

Hinzu kommt, daß die auslösenden Faktoren von Patient zu Patient verschieden sind. Was der eine gut verträgt, kann beim anderen heftigste Ekzemschübe nach sich ziehen. So muß jeder seine spezifischen Auslöser finden und mit ärztlicher Hilfe versuchen, sie so gut wie möglich in Schach zu halten. Dafür ist dann meistens ein Allergietest nötig (siehe auch Seite 52) und hilfreich. Es gibt etliche verschiedene Testverfahren.

Die effektivste Behandlung setzt bei den Auslösern an, nicht bei den Symptomen!

Welche Ursachen können ein Ekzem auslösen?

Neurodermitis ist eine multifaktoriell bedingte Krankheit. Das bedeutet, daß das Krankheitsbild von vielen Faktoren in unterschiedlicher Gewichtung bestimmt wird; und diese Faktoren sind noch nicht einmal alle genau erforscht. Es ist wie bei einem Puzzle, bei dem immer noch einige Teile fehlen und das Gesamtbild nur grob erkennbar ist.

Die atopische Veranlagung und die Auslöser greifen wie Puzzleteile ineinander.

Diese Teilursachen, die bei jedem Patienten in anderer Kombination auftreten, werden in äußere und innere Faktoren unterschieden.

Welche inneren Faktoren können zum Ekzemausbruch führen?

Solche inneren Auslöser, die das Wohlbefinden des Patienten beeinträchtigen, können zum Beispiel sein:

- neuro-vegetative Störungen
- bestimmte Hauteigenschaften
- ein gestörtes Immunsystem
- psychische Probleme wie zum Beispiel Streß, Aufregung, Prüfungsangst oder Beziehungsprobleme

Welche äußeren Einflüsse kommen in Frage?

Für einen Ekzemausbruch oder extremen Juckreiz können unter anderem folgende äußere Faktoren verantwortlich sein:

- Infekte durch Viren oder Bakterien, die die Abwehrkräfte noch weiter herabsetzen;
- Hautreizungen durch Chemikalien oder Putz- und Reinigungsmittel jeglicher Art, auch Dusch- und Pflegemittel;
- klimatische Bedingungen und Jahreszeit: Im Frühjahr oder Spätherbst bricht die Neurodermitis besonders häufig aus oder verschlechtert sich deutlich;

- Allergene wie Pollen, Stäube oder Tierhaare, die durch Einatmen oder bereits bei Hautkontakt Reaktionen auslösen; auch Unverträglichkeiten auf Nahrungsmittel.

Es gibt also nicht die eine auslösende Ursache für Neurodermitis, und genausowenig wird das Ekzem als solches vererbt.

Von den Eltern stammt nur die atopische Veranlagung. Hinzu kommen dann die jeweils personenspezifischen Auslöser, die bei jedem Patienten eine ganz eigene Ekzemvariante hervorrufen.

Was versteht man unter dem atopischen Formenkreis?

Die ererbte Anfälligkeit für bestimmte Reaktionen beschränkt sich nicht nur auf die Haut. Auch das allergische Asthma bronchiale und der Heuschnupfen gehören in den atopischen Formenkreis (atopisch heißt auf Griechisch „am falschen Platz befindlich").

Zum atopischen Formenkreis gehören Neurodermitis, allergisches Asthma und Heuschnupfen.

Ein Atopiker ist also ein Mensch, der auf verschiedene Einwirkungen von innen oder außen mit einer Erkrankung aus dem atopischen Formenkreis reagiert: mit Beschwerden an der Haut (Neurodermitis), an den Bronchien (allergisches Asthma) oder an den Schleimhäuten (Heuschnupfen).

Die Reaktionen auf ein und denselben auslösenden Faktor können so unterschiedlich sein wie Tag und Nacht. Auch kann ein Patient nach einiger Zeit auf völlig neue Einflüsse reagieren. Es kommt auch öfters vor, daß eine Kombination aus atopischen Erkrankungen vorliegt, zum Beispiel Neurodermitis und Heuschnupfen oder Asthma mit leichten Hauterscheinungen. Und die Neurodermitis kann „wandern", das heißt, wenn die Hautsymptome abgeklungen sind, treten dafür verstärkt Heuschnupfen oder Asthma auf.

Welche Rolle spielt das Immunsystem?

Die erblich bedingte Atopiebereitschaft bedeutet in den meisten Fällen, daß bestimmte Abläufe im körpereigenen Immunsystem nicht in Ordnung sind. In den oberen Hautschichten befinden sich viele spezielle Zellen, mit deren Hilfe der Organismus körperfremde Eindringlinge (Erreger) abwehren kann.

Fremdkörper werden von den Abwehrzellen regelrecht „registriert".

Sobald nun unerwünschte Fremdkörper versuchen, in die Haut zu gelangen, erfüllen die Keratinozyten (hornbildende Zellen) ihre „Polizeifunktion" und alarmieren die T-Lymphozyten. Gleichzeitig werden die Langerhans-Zellen aktiv: Sie nehmen die Fremdkörper auf und gewinnen auf diese Art wichtige Informationen über deren Gestalt, um diese an die T-Lymphozyten weiterzugeben. Diese Abwehrzellen sorgen dann unter anderem dafür, daß die richtige Menge an passenden Antikörpern gebildet wird.

Was versteht man unter einer T-Zell-Schwäche?

Wenn bei einem Patienten eine T-Zell-Schwäche besteht, bedeutet das einerseits, daß nicht genügend T-Lymphozyten gebildet werden, andererseits daß die vorhandenen T-Lymphozyten nicht richtig funktionieren. So erklärt sich die Häufigkeit von Infekten durch Viren, Bakterien und Pilze, die oftmals den Verlauf der eigentlichen Neurodermitis komplizieren.

Welche Rolle spielen die IgE-Antikörper?

Die sogenannten IgE-Antikörper (Immunglobulin E) bilden normalerweise eine sehr kleine Gruppe im großen Heer der körpereigenen Abwehrstoffe. Ein bestimmter Teil der T-Lymphozyten ist dafür verantwortlich, daß bei Bedarf eine genügende Anzahl von allergenspezifischen IgE-Antikörpern gebildet wird. Wenn nun aber eine

T-Zell-Schwäche vorliegt, versagt diese Steuerung der Produktion – der Organismus bildet viel zu viele IgE-Antikörper, und es kommt zu einer überschießenden Immunreaktion. Dabei richtet sich die körpereigene Schutzvorrichtung gegen den Körper und ist selbst an einer Krankheitsentwicklung beteiligt.

Bei 80 % der Patienten, die an einer Erkrankung aus dem atopischen Formenkreis leiden (Neurodermitis, Asthma oder Heuschnupfen), liegt ein deutlich erhöhter IgE-Spiegel vor. Dieser IgE-Spiegel kann heutzutage beim Neugeborenen aus dem Nabelschnurblut gemessen werden, um die Anfälligkeit für allergische Reaktionen möglichst früh zu erkennen.

Wie wirkt sich ein erhöhter IgE-Spiegel aus?

Wenn ein Fremdkörper (Allergen) in die Haut eindringt, werden zu viele IgE-Abwehrstoffe gebildet. Sie heften sich an die Mastzellen an, und wenn später einmal dasselbe Allergen erneut eindringt, bilden sich Brücken zwischen den Allergenen und ihren spezifischen Antikörpern.

Ein erhöhter IgE-Spiegel ist ein Hinweis auf eine atopische Veranlagung.

Diese Brücken haben zur Folge, daß die Mastzellen ihre Mediatoren (Botenstoffe), zum Beispiel Histamin, viel leichter ausschütten können. Es kommt zu Juckreiz, Schwellung und Entzündung: Das Ekzem bricht aus.

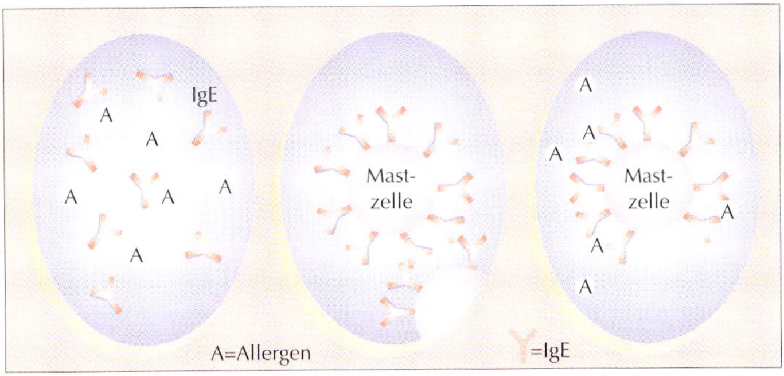

Zuviel gebildete IgE-Antikörper lagern sich an Mastzellen an. Kommt es zu einem zweiten Kontakt mit denselben Allergenen, werden diese zwar schnell gebunden, gleichzeitig wird aber Histamin aus den Mastzellen freigesetzt.

Was lösen Bakterien, Viren und Pilze aus?

Bei einem Neurodermitis-Patienten, dessen Hautoberfläche durch die Krankheit sowieso schon geschädigt ist, haben Bakterien, Viren und Pilze leichtes Spiel. Die in den meisten Fällen deutlich eingeschränkte Immunabwehr kann den Befall der Haut durch Viren (beispielsweise von Warzen) oder Bakterien (die zu eitrigen Entzündungen führen) auch nicht mehr verhindern, und so geschieht es oft, daß ein akutes Ekzem zusätzlich von einer weiteren Infektion überlagert wird.

Wie wirkt sich bakterieller Befall eines akuten Ekzems aus?

Es gibt eine ganze Reihe von Bakterien, die sich entweder dauernd oder zumindest vorübergehend auf der Oberfläche der Haut aufhalten, ohne daß die Haut Schäden davonträgt („natürliche Hautflora"). Normalerweise kommt es nur dann zu einer Vereiterung, wenn es sich um sehr viele oder besonders aggressive Bakterien handelt und wenn die Bedingungen, die sie vorfinden, günstig sind.

Bei Neurodermitis ist nun die Hautoberfläche deutlich angegriffen: Die Hornschicht ist zu trocken und zeigt kleine Risse, der Säuremantel ist nicht mehr intakt, und so können diese Schutzmechanismen ihre Barrierefunktion gegenüber Fremdkörpern nicht mehr so erfüllen wie bei gesunden Menschen.

Darüber hinaus ist auch das innere Abwehrsystem der Haut beeinträchtigt, so daß sich die Bakterien auf bereits bestehenden Ekzemherden recht schnell und einfach vermehren können. In den meisten Fällen handelt es sich bei den Auslösern von bakteriellen Hauterkrankungen um Haufenkokken (Staphylokokken) oder Kettenkokken (Streptokokken).

1.

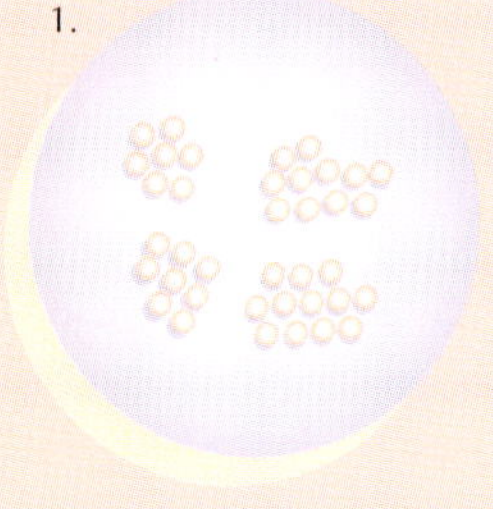

2.

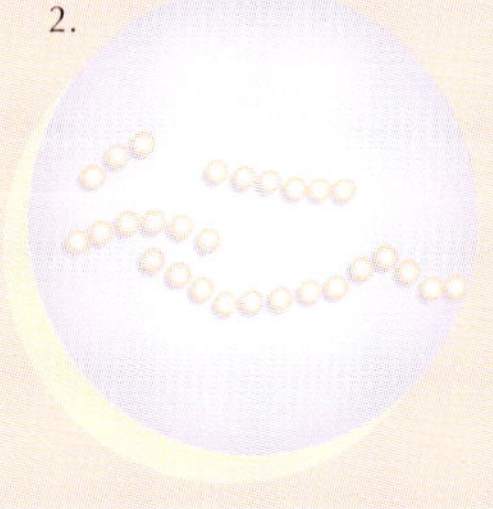

Die meisten bakteriellen Hauterkrankungen gehen auf Haufenkokken und Kettenkokken zurück.

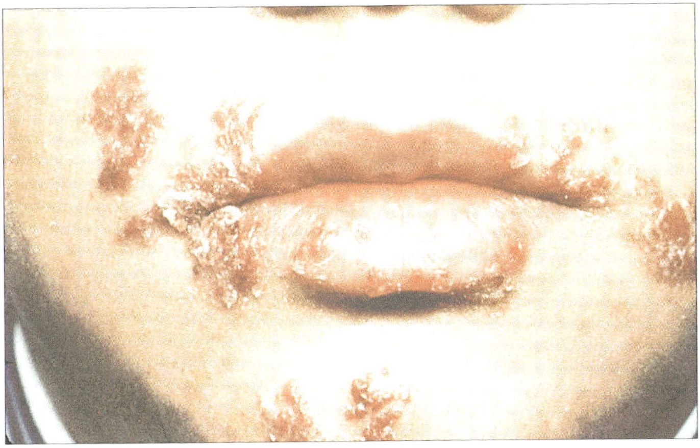

Ist die Haut bereits geschädigt, können eitrige Entzündungen, die sogenannten Furunkel und Karbunkel, sehr leicht entstehen!

Wie entsteht die Eiterflechte (Impetigo contagiosa)?

Eine Eiterflechte wird meist durch Kettenkokken hervorgerufen, die sich horizontal auf der Haut ausbreiten und zu eitrigen Entzündungen der Oberhaut führen. Die Behandlung sollte mit antibiotikahaltigen Mitteln zur äußeren Anwendung und Farbstoffen oder oral einzunehmenden Antibiotika durchgeführt werden.

Was können Viren bewirken?

Für die Viren gilt gleiches wie für den bakteriellen Befall der Haut: Bei einem Neurodermitis-Patienten, dessen Abwehrsysteme nicht hundertprozentig funktionieren, haben diese Krankheitserreger leichtes Spiel. Ohne ärztliche Beurteilung beziehungsweise Behandlung können Hautveränderungen, die durch Viren verursacht sind, sowohl ganz harmlos als auch gesundheitsbedrohend verlaufen.

Auf der angegriffenen Haut haben Bakterien leichtes Spiel.

Zu den harmlosen Varianten gehören die gewöhnlichen Warzen und die Dellwarzen. Beide Arten können natürlich genauso auch gesunde Menschen befallen, doch das kommt seltener vor. Dellwarzen sind etwa so

Mit Warzen oder Dellwarzen sollten Sie nicht ins Schwimmbad gehen!

groß wie ein halber Stecknadelkopf und haben obenauf – wie der Name schon sagt – eine Delle. Sie kommen häufig bei Kindern, nur selten bei Erwachsenen vor und treten bevorzugt in den Beugen auf: Ellenbogen, Kniekehlen, Achselhöhlen. Meist sind diese Körperregionen bereits regelrecht übersät, besonders, wenn die Haut von vorhergehenden Kortisonbehandlungen dann angegriffen ist.

Auch die Dellwarzen sollte man nur vom Arzt entfernen lassen: Er drückt sie mit einer Pinzette aus oder löst sie mit einem scharfen Löffel aus der Haut. Wenn sie dagegen von Hand ausgedrückt werden, besteht die Gefahr, daß sich die in der Flüssigkeit enthaltenen Viren durch Kontakt auf der Haut verteilen und nur noch mehr „aufblühen".

Wie gefährlich ist der Herpesvirus?

Eine Infektion mit dem Herpesvirus kann unter Umständen sehr bedrohlich verlaufen. Von Herpes-simplex-Viren werden fast alle Menschen im Laufe ihres Lebens einmal befallen, nur merken es die meisten nicht, weil

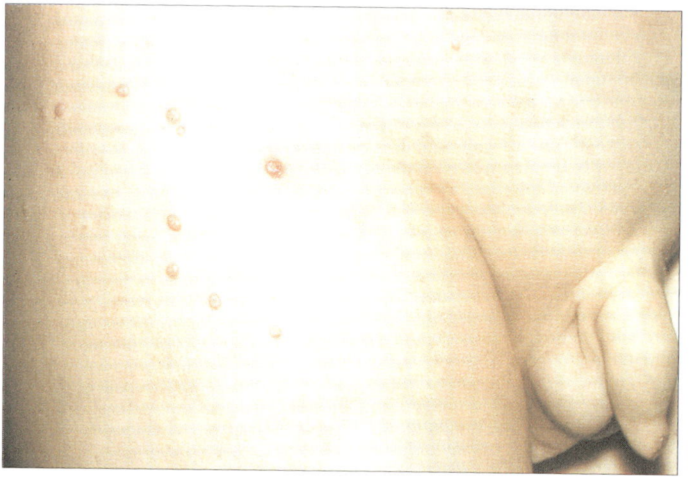

Viren können besonders bei Neurodermitikern zur Ausbildung von Dellwarzen führen. Diese sind aber harmlos und nicht besorgniserregend.

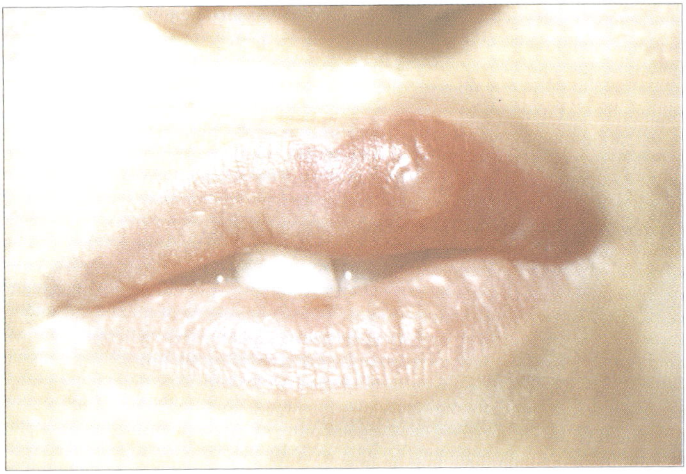

Wenn das Immunsystem überfordert oder angegriffen ist, entstehen bei einer Infektion mit dem Herpesvirus entzündete Bläschen an der Lippe.

ihre Abwehrkräfte stabil genug sind. Wenn allerdings negative Faktoren wie körperliche Überforderung, seelischer Streß, übermäßige Sonnenbestrahlung oder ein insgesamt angegriffenes Abwehrsystem hinzukommen, treten ganz plötzlich die für Herpes typischen Hauterscheinungen auf.

Bekanntestes Symptom ist wohl das Fieberbläschen an der Lippe. Meist entstehen ganze Gruppen von wasserklaren Bläschen, die im Normalfall nach ein paar Tagen aufgehen, gelblich-eitrige Krusten bilden und schließlich wieder abheilen.

Meiden Sie Kontakt mit Herpeskranken, wenn Sie atopisch veranlagt sind!

Wird jedoch ein Neurodermitisekzem zusätzlich von Herpesviren besiedelt, kann das schwere Infektionen zur Folge haben (Eczema herpeticatum). Das Allgemeinbefinden ist für lange Zeit beeinträchtigt, der Patient bekommt zusätzlich hohes Fieber, das sich oftmals über Wochen hinzieht. Besonders gefährlich ist eine Herpesinfektion für Säuglinge und Kleinkinder; sie müssen unter ständiger ärztlicher Aufsicht in der Klinik behandelt werden, doch dann bildet sich das Ekzem in der Regel problemlos zurück.

Wo siedeln sich bevorzugt Pilze an?

Voraussetzung dafür, daß sich eine Pilzinfektion entwikkeln kann, ist wieder eine geschwächte Abwehr des Organismus und ein angegriffener Hautzustand in den Bereichen, wo sich die Pilze bevorzugt ansiedeln: vor allem in den feuchtwarmen Falten der Haut wie zum Beispiel in den Achselhöhlen, in den Leisten, zwischen den Zehen und beim Säugling natürlich bevorzugt im Windelbereich.

Bei Diabetes, Blutkrebs oder Aids ist die körpereigene Abwehr stark beeinträchtigt, ebenso, wenn eine Geschwulst vorliegt oder bei Einnahme von Medikamenten (zum Beispiel bestimmten Hormonen oder Antibiotika). In solchen Situationen können selbst harmlose Pilze zu Hauterkrankungen und im Extremfall sogar zum Befall innerer Organe führen.

Wann handelt es sich um einen Pilz, wann um ein Ekzem?

Manchmal kaum zu unterscheiden: Pilzinfektion oder Ekzem?

In bezug auf das Aussehen und das Auftreten von Juckreiz lassen sich Pilze oft von einem Ekzem auf den ersten Blick nicht unterscheiden.

Der erfahrene Hautarzt wird mit Hilfe von genauen mikroskopischen Untersuchungen, Pilzkulturen und bei Bedarf auch durch den Einsatz von UV-Licht (sogenannte Wood-Lampe) abklären, ob es sich um einen Pilz handelt und falls ja, um welchen. Je genauer der Auslöser bestimmt wird, um so gezielter kann der Patient behandelt werden, weil der Arzt so das exakt passende Medikament verordnen kann.

Wie häufig kommen Pilzinfektionen vor?

Jeder Dermatologe weiß, daß Menschen, die unter Neurodermitis leiden, wesentlich häufiger auch mit Pilzinfektionen ihre Probleme haben.

Man unterscheidet Pilzinfektionen der Haut, also beispielsweise Fuß- oder Nagelpilz, aber auch auf allen anderen Hautstellen und Schleimhäuten können sich Hautpilze festsetzen und ausbreiten. Weiter gibt es den Pilzbefall der inneren Organe, vornehmlich des Darms. In der Regel handelt es sich dabei um eine Infektion mit dem Hefepilz Candida albicans.

Hefepilze im Darm sind leider keine Seltenheit. Normalerweise merken die meisten Menschen nicht, daß sie mit Hefepilzen infiziert sind, denn die Pilze im Darm halten sich in Grenzen. Ein intaktes Immunsystem vernichtet nämlich die eingedrungenen Pilze ziemlich rasch oder hält sie zumindest dergestalt in Grenzen, daß sie sich nicht vermehren und so gefährlich werden können. Falls das Immunsystem durch andere Krankheiten oder Medikamente, beispielsweise durch eine Operation und die entsprechende Begleitbehandlung, aber geschwächt wird, können sich die Pilze sehr rasch ausdehnen und für den Organismus zur Gefahr werden.

Oft besiedeln sie den Afterbereich und über den Damm die Genitalien. Deshalb haben auch Frauen, die die Pille nehmen, häufig Probleme mit Scheidenentzündungen, weil die Hormone das Terrain für die Candida-Pilze günstig gestalten.

Woher kommt die Windeldermatitis?

Durch die Wärme und Feuchtigkeit herrscht in den Windeln ein „subtropisches“ Klima – ideale Bedingungen für Hefepilze. Die Oberhaut ist hier weich und leicht aufgequollen, der alkalische Urin setzt weitere Reizstoffe frei, und so ist es für die Pilze ein leichtes, sich rasch zu vermehren. Eine Windeldermatitis ist für den Arzt immer auch ein Hinweis auf eine Neigung zum atopischen Ekzem. Es gibt heute eine Reihe zuverlässiger Wirkstoffe, die zur raschen Heilung führen.

Ein wunder Po braucht sorgfältige Pflege!

Wie reagiert die Haut auf Klima und Jahreszeit?

Die meisten Hautärzte kennen das Phänomen, daß die Zahl ihrer Patienten im Frühjahr und vor allem im Spätherbst sprunghaft ansteigt. Dafür gibt es mehrere einleuchtende Gründe:

Die Häufigkeit der Ekzemschübe hängt auch von der Jahreszeit ab.

- Die trockene Haut des Neurodermitikers leidet im Herbst und Winter unter der geringeren Luftfeuchtigkeit, auch in den Innenräumen. Isolierende Kleidung wirkt sich ebenfalls negativ aus.
- Mit Beginn der Heizperiode wirken auch wieder mehr Hausstauballergene auf den Patienten ein.
- Der spärliche Hauttalg kann sich bei niedrigeren Temperaturen noch schlechter verteilen.
- Neurodermitis-Patienten vertragen meist keine Wollkleidung.
- Weniger Sonnenschein und kürzere, dunklere Tage sind schlecht für das psychische Wohlbefinden; man wird streßanfälliger.
- Die Zahl der Infekte erhöht sich insgesamt und fordert das Immunsystem stärker als im Sommer.
- Viele Atopiker vertragen keine Zitrusfrüchte, die jetzt einen großen Teil des Vitaminangebots ausmachen. Vitaminmangel aber schadet wiederum der Haut.
- Im Frühjahr ist es vor allem die große Zahl an Pollenallergenen, die die Immunabwehr zusätzlich belastet und so manchen Ekzemschub auslöst.

Wieviel Einfluß hat die Sonne?

Vorsicht bei direkter Sonnenbestrahlung: Riskieren Sie keinen Sonnenbrand!

In der Regel stabilisiert die Einwirkung von Sonnenlicht den Hautzustand – vorausgesetzt, die Bestrahlung wird je nach Hauttyp und Empfindlichkeit vorsichtig dosiert. Deshalb kann Licht auch gezielt als Therapie eingesetzt werden: Hier wird der Hautarzt die UVA- und UVB-Anteile des ultravioletten Lichts mischen, da diese Kombination die besten Erfolge zeigt. An der See, im Hochgebirge und in Wüsten ist die Zusammensetzung des Lichts ähnlich.

In den wärmeren Sommermonaten verteilt sich der Talg besser auf der Hautoberfläche; seine Schutzwirkung ist daher deutlich höher. Oft wirken sich auch eine Klimaumstellung im Sommerurlaub und der zugehörige Erholungseffekt günstig auf das Befinden des Patienten aus.

Weshalb hat ein Klimawechsel so positiven Einfluß auf den Hautzustand?

Zunächst werden durch einen Wechsel des Aufenthaltsortes die gewohnten Auslöser zum großen Teil vermieden. Die bestehenden Beschwerden lassen meistens nach, weil der Kontrast zum Alltag auf körperlicher und seelischer Ebene entlastet. Schließlich haben gerade die ausgesprochenen Reizzonen (Meer, Hochgebirge) deutlich weniger Allergene, dafür aber heilsame luftchemische und luftelektrische Einflüsse zu bieten.

Verbringen Sie Ihren Urlaub, wenn irgend möglich, in einem gesundheitsfördernden Reizklima.

Was ist ein Reizklima?

Im allgemeinen unterscheidet man vier Klimastufen:

1. Schonklima: Flachland und Mittelgebirge;
2. leichtes Reizklima: Mittelgebirge und in 50–100 km Entfernung zum Meer;
3. mäßiges Reizklima: um 1000 m hoch im Gebirge oder bis 100 m in Nähe zum Meer, aber mit gutem Windschutz;
4. intensives Reizklima: direkt am Meer oder höher als 1500 m im Gebirge.

Trotz der positiven Auswirkungen eines Klimawechsels kann man einen Umzug in ein Reizklima im allgemeinen nicht empfehlen, da sich der Organismus nach einiger Zeit an die neuen Bedingungen gewöhnt und die heilsamen Effekte dann nachlassen.

Ist Neurodermitis eine Allergie?

Neurodermitis wird oftmals in einem Atemzug mit dem Begriff Allergie genannt. Wie Heuschnupfen und Asthma ist Neurodermitis eine Erkrankung aus dem atopischen Formenkreis. Sie kann mit Reaktionen auf bestimmte Allergene verbunden sein, doch das muß nicht so sein; sie selbst ist keine Allergie im eigentlichen Sinn.

Was ist eine Allergie?

Allergie bedeutet Überreaktion des Organismus.

Der Begriff Allergie wurde vom Wiener Kinderarzt Clemens von Pirquet geprägt. Er bedeutet ursprünglich eine „veränderte Reaktionsfähigkeit des Organismus" und beinhaltet damit eigentlich sowohl eine verstärkte als auch eine abgeschwächte Immunreaktion. Im medizinischen Sprachgebrauch hat es sich durchgesetzt, mit Allergie hauptsächlich die überschießende, krankmachende Reaktion zu bezeichnen.

Auf die äußerliche Einwirkung von Krankheitserregern wie Pilzen, Bakterien, Viren oder anderen Fremdstoffen (zum Beispiel aggressiven chemischen Substanzen wie Säuren oder Laugen) kann der Organismus auf verschiedene Weise reagieren:

- Er hat die Möglichkeit, eine „normale" Abwehr durch Abwehrzellen (Immunzellen) oder Gegenstoffe (Antikörper) in Gang zu setzen.
- Er kann zu schwach oder gar nicht reagieren, wenn das Immunsystem durch eine Vorerkrankung bereits angegriffen oder ausgelastet ist, so daß es mit einer neuen Bedrohung nicht fertig wird.
- Er kann unangemessen stark reagieren, zum Beispiel auf das Einatmen von bestimmten Gräserpollen mit einem schweren Asthmaanfall. Diese überschießende Reaktion bezeichnen wir im medizinischen Sprachgebrauch als Allergie.

Worin unterscheidet sich nun der Atopiker vom Allergiker?

Bei einer allergischen Veranlagung liegt häufig ein erhöhter IgE-Spiegel im Blut vor. Sobald nun der Allergiker mit dem Allergen zusammenkommt, auf das er früher einmal sensibilisiert wurde, läuft die überschießende Reaktion ab. Auch wenn er das Allergen erkannt hat und es in Zukunft sorgfältig meidet, passiert es häufig, daß sich der Körper schnell gegen andere Stoffe sensibilisiert.

Ein häufiges Beispiel dafür ist die Allergie auf bestimmte Tierhaare. So kann es einem Kind geschehen, daß es zunächst auf Katzenhaare allergisch reagiert. Es meidet von da an jeglichen Kontakt mit Katzen und spielt eben mit anderen Tieren. Nach einer gewissen Zeit reagiert es dann aber unter Umständen genauso empfindlich, wenn es einen Hamster, Hund oder ein Pferd gestreichelt hat.

Die Allergie kann „wandern".

Der Neurodermitis-Patient jedoch, der abgesehen vom atopischen Krankheitsbild ein weitgehend intaktes Immunsystem vorweisen kann (20 % der Atopiker haben überhaupt keinen erhöhten IgE-Spiegel!), kann häufig eine anhaltende Linderung seines Leidens erreichen: Zum Beispiel wenn er die Allergene herausfindet, auf die er atopisch reagiert, und konsequent versucht, sie zu meiden.

Aber auch, wenn er sein seelisch-geistiges Gleichgewicht erlangt und zusätzlich sein Immunsystem mit bestimmten Vitaminen unterstützt, kann sein Krankheitsgeschehen positiv beeinflußt und in der Regel dauerhaft gemildert werden.

Wer dagegen als Atopiker einen deutlich erhöhten IgE-Spiegel aufweist, ist für allergische Reaktionen prädestiniert und muß sich um so mehr vor seinen Allergenen in acht nehmen, nachdem sie erst einmal herausgefunden sind.

Welche allergischen Begleiterkrankungen gibt es bei Neurodermitis?

Bei den allergischen Reaktionen handelt es sich um komplexe Vorgänge, die in vielen verschiedenen Variationen ablaufen können. Die Krankheitssymptome können sehr schnell auftreten oder erst nach Tagen, je nachdem, ob der Organismus sofort mit seinen Abwehrstoffen (Antikörper, bestehend aus bestimmten Eiweißstoffen) reagiert, oder ob die Immunzellen (T-Lymphozyten) die Aufgabe übernehmen und, da sie etwas träger arbeiten, erst nach zwei bis drei Tagen ihre Wirkung zeigen.

Insgesamt werden vier verschiedene Allergietypen unterschieden, doch nur zwei davon sind hier von herausragender Bedeutung:

- Die Typ-1-Reaktion tritt schon nach Sekunden oder Minuten auf und wird auch als Sofortreaktion bezeichnet. Charakteristische Beispiele sind Heuschnupfen oder Asthmaanfälle. Diese Typ-1-Reaktion kann unter Umständen lebensbedrohliche Situationen auslösen.
- Die Typ-4-Reaktion ist die typische Spätreaktion und tritt nach 48 bis 72 Stunden ein: Bis die Symptome deutlich auftreten, kann der Patient oftmals gar nicht mehr genau sagen, was denn seiner Meinung nach der Auslöser gewesen sein könnte.

Die beiden wichtigsten Arten von allergischen Reaktionen: Sofortreaktion und Spätreaktion.

Wodurch werden Typ-1-Reaktionen ausgelöst?

Reaktionen vom Typ 1 kommen häufig vor nach Kontakt (Hautkontakt oder Einatmen) mit Pflanzenpollen, zum Beispiel von Gräsern, Blüten, Unkraut, Getreide und Bäumen, oder nach Kontakt mit bestimmten chemischen Reinigungs- und Pflegemitteln. Sie entstehen auch nach Bienen- oder Wespenstichen, nach dem Genuß mancher

Nahrungsmittel oder sogar nach der Einnahme von bestimmten Medikamenten.

Sofortreaktionen können auch als allergischer Schock auftreten und gehören dann sofort in ärztliche Behandlung.

Die Sofortreaktionen äußern sich meist als plötzlicher Schnupfen (Rhinitis), Augenbrennen (Konjunktivitis) und Atembeschwerden (Asthma bronchiale) oder Nesselsucht (Urtikaria). Mit dem letztgenannten Symptom hatte jeder sicherlich schon des öfteren zu tun; es tritt auch als Sofortreaktion in Erscheinung, sobald wir die giftigen Nesselhaare von Brennesseln (lateinisch: Urtica) berühren.

Für den Hautarzt ist es manchmal schwierig, die genaue Unterscheidung zwischen Neurodermitis, Kontaktekzem und Urtikaria zu treffen. Es kommt vor, daß ein Kontaktekzem übersehen wird oder aber, daß der Arzt von einem Kontaktekzem ausgeht, obwohl es sich um Neurodermitis handelt. Erschwert wird die Differenzierung dadurch, daß sehr häufig beide Krankheitsbilder gemeinsam auftreten. Im Zweifelsfall helfen aber gründliche Allergietests weiter.

Wann treten die charakteristischen Typ-4-Reaktionen auf?

Die auffälligste Typ-4-Reaktion ist das allergische Kontaktekzem. Es muß unterschieden werden von dem reinen Abnutzungsekzem, das auch toxisch-degeneratives Ekzem genannt wird. Das letztere entsteht durch toxische (giftige) oder reizende Substanzen an der Haut eines jeden Menschen, wenn der (äußerliche) Kontakt nur intensiv und lange oder oft genug erfolgt. Das allergische Kontaktekzem dagegen entsteht speziell bei einer spezifischen Überempfindlichkeit und allergischen Veranlagung von innen heraus.

Diese beiden Ekzemvarianten zusammen machen nach Schätzungen von Allergologen etwa 20–30 % aller Hauterkrankungen aus. Was der Körper als Gift empfindet, ist nicht immer gleich.

Oft besteht lange Zeit Hautkontakt mit der in Frage kommenden Substanz, ohne daß irgendwelche Symptome auftreten. Und dann entsteht plötzlich über Nacht ein Ekzem. Erklärbar ist das damit, daß der Körper eine Weile braucht, bis er die enorme Menge an Immunzellen gebildet hat, die dann überschießend reagiert. Das ist wie mit einer Regentonne, die ja auch nicht beim ersten Regen bereits überläuft.

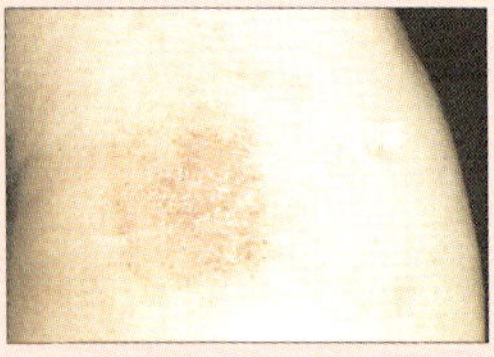

Rötungen und Juckreiz können Symptome für eine Allergie gegen Nickel sein. Im Extremfall kann es zu einem vereiterten Kontaktekzem kommen.

Wie entsteht ein Nickelekzem?

Etwa 30 % aller Menschen, die Ohrstecker tragen, sind nachweislich auf Nickel allergisch. Bei Kontakt bildet sich ein allergisches Ekzem: Das Ohrläppchen rötet sich, näßt oder juckt und kann sogar vereitern. Selbst wenn Sie dann nickelhaltigen Schmuck konsequent meiden, kann es passieren, daß Sie über bestimmte Nahrungsmittel doch Spuren von Nickel aufnehmen und das Ekzem dadurch wieder aufflammt.

Viele alltägliche Gegenstände enthalten Nickel: Besteck, Schmuck, Münzen, Scheren, Türklinken und einiges mehr. Die einfachste Möglichkeit, sich hier gegen ein Kontaktekzem zu schützen, ist die völlige „Allergenkarenz": Meiden Sie den Allergieauslöser, so gut es geht.

- Tragen Sie Modeschmuck höchstens auf der Kleidung, aber nie direkt auf der Haut. Verzichten Sie auf Ohrringe.
- Vermeiden Sie jeden überflüssigen Metallkontakt, damit Sie durch die unvermeidbaren nicht zu sehr belastet werden.

Welche weiteren allergischen Begleiterkrankungen treten häufig auf?

Wenn Heuschnupfen oder Asthma das ganze Jahr über bestehen, können keine Pflanzenpollen schuld sein; dann sind andere Substanzen die Auslöser: Schimmelpilze, Tierhaare, Bettfedern oder eben Hausstaubmilben. Ihre Stoffwechselprodukte sind oftmals die Ursache für wiederholte allergische Reaktionen; man spricht dann von einer Hausstauballergie. Wie Sie sich davor schützen können, werden wir in einem späteren Kapitel ausführlich erläutern.

Viele Substanzen können Auslöser sein für die Heuschnupfen-Symptome.

Viele Allergologen suchen mittlerweile auch in einer Nahrungsmittelallergie beziehungsweise -unverträglichkeit die Ursachen für Neurodermitisschübe. Sicher ist, daß etwa 10 % der Atopiker so stark auf bestimmte Nahrungsmittel reagieren, daß das Ekzem ausbricht oder sich deutlich verschlimmert. Es kann sich also im Zweifelsfall lohnen, gezielt darauf zu achten.

Wo gibt es im Alltag weitere Kontaktallergene?

Im folgenden finden Sie eine Auflistung von Stoffen, die bei vielen Atopikern zu Kontaktallergien führen:

- Haarfärbe- und -pflegemittel
- Kosmetika, Duftstoffe
- Rasierwasser, Rasierseife
- Zahnpasta, Mundwasser
- Lippenstift und -salben
- Kaugummi
- Wasch- und Reinigungsmittel
- Dusch- und Badezusätze
- Massagemittel
- Deodorants und Intimpflegemittel
- empfängnisverhütende Präparate
- Jeansknöpfe, Hosen
- Kleidung (Stoff und Farben)
- Salben, Cremes
- (Haut-)Pilzmedikamente
- Uhrarmband (Nickel)
- Zement
- Pflanzenallergene

Pollen

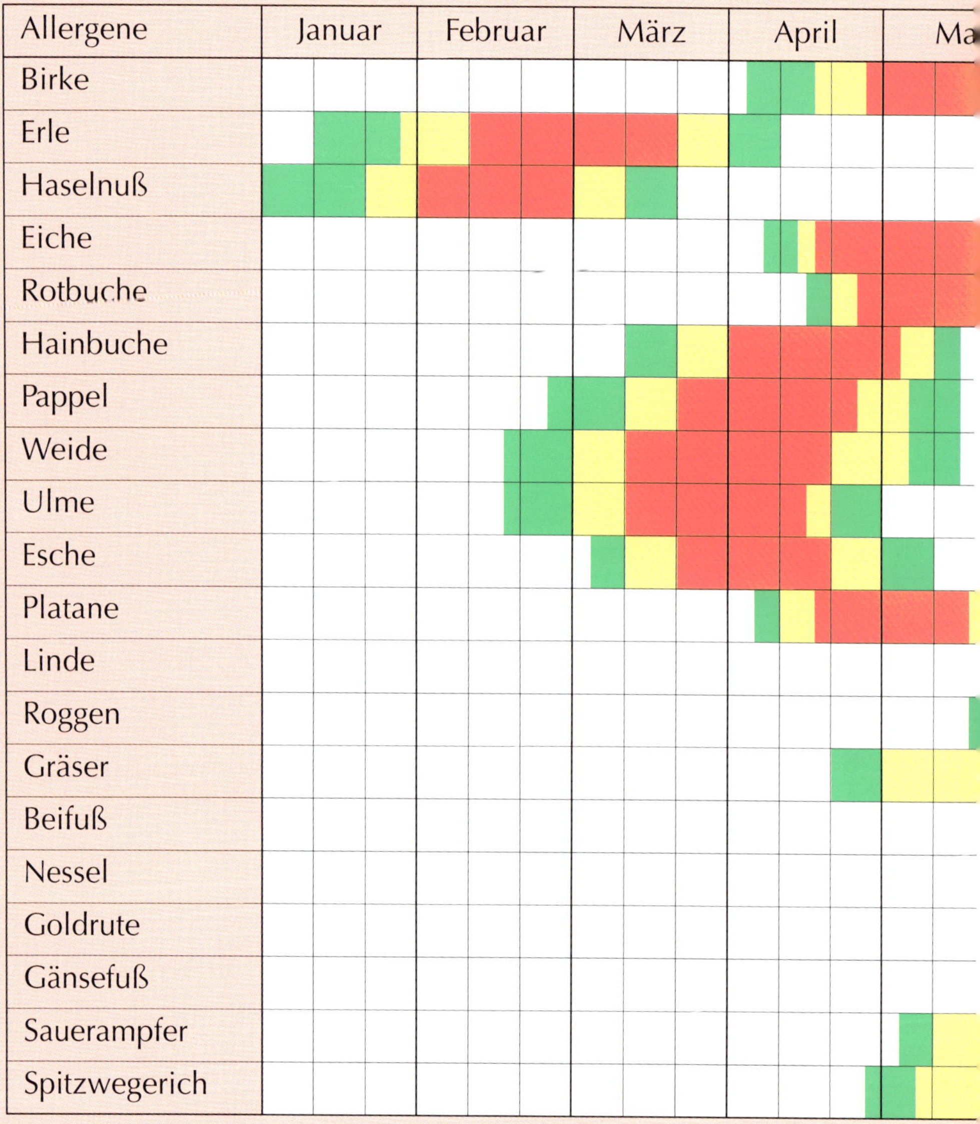

starke Belastung **mäßige Belastung**

ender

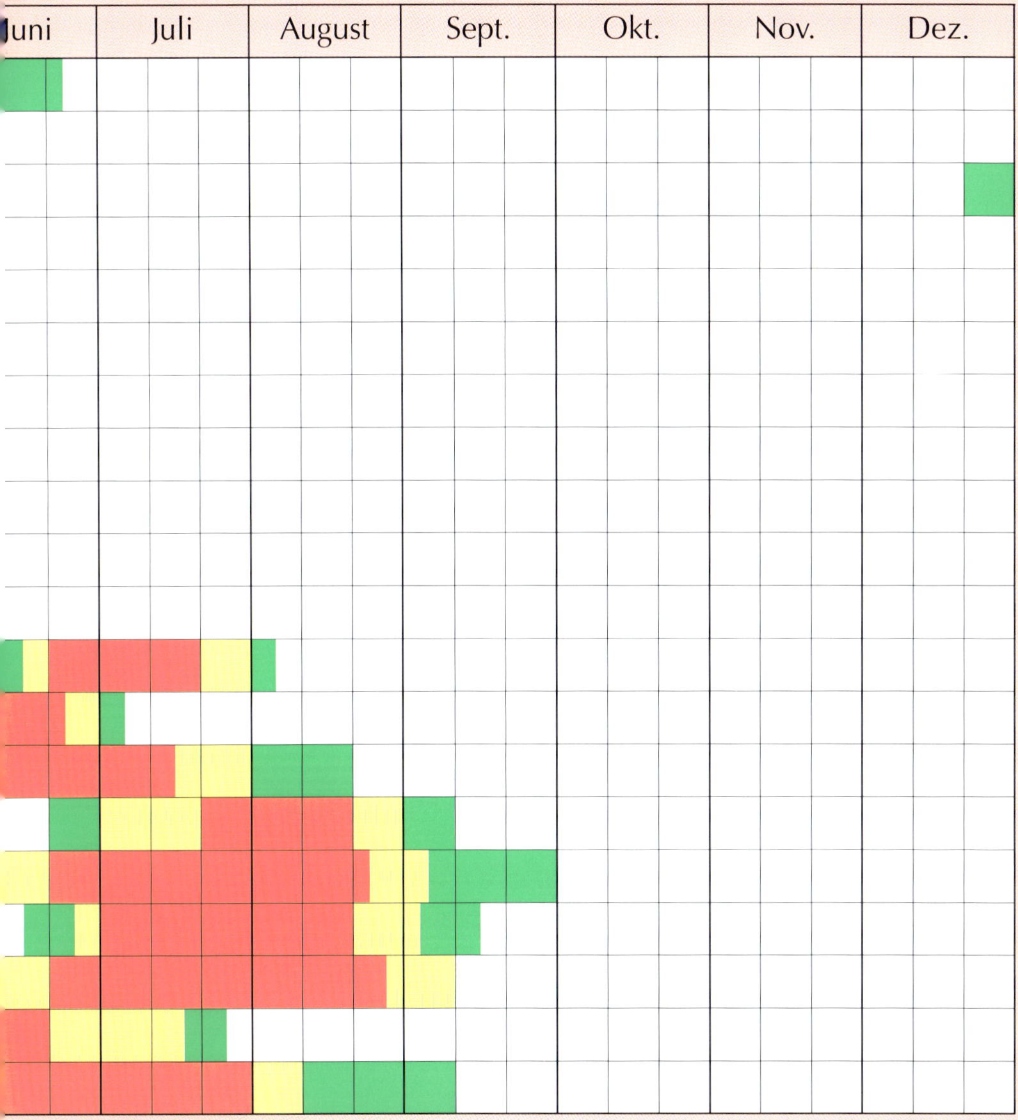

sporadische Belastung

Im Bergland über 600 m muß mit Verspätung der Pollenfreisetzung gerechnet werden.

Wie funktionieren die gängigen Allergietests?

Um einer allergieauslösenden Substanz aus dem Weg zu gehen und so auch die allergischen Schübe zu vermeiden, ist Voraussetzung, diese Substanz(en) überhaupt zu kennen. Und genau da liegt das Problem: Es kommen meistens Hunderte von verdächtigen Stoffen in Frage. Hier ist systematische Detektivarbeit gefragt.

Allergietests werden vom behandelnden Hautarzt durchgeführt.

Wann wird die Allergenkarenz eingesetzt?

Allergenkarenz ist im Grunde die einfachste Variante eines Allergietests: Wenn der Patient bereits einen Verdacht hat, eine bestimmte Substanz könnte an seinen Krankheitsschüben schuld sein, wird er sie eine Zeitlang konsequent meiden. Solange nichts passiert, kann er nur vermuten, daß dieser Stoff für ihn eine allergisierende Wirkung hat. Wirklich sicher sein kann er erst dann, wenn auf erneuten Kontakt mit demselben Stoff wieder eine allergische Reaktion erfolgt.

Ein solcher Karenzversuch wird meist angeraten, wenn eine Allergie auf bestimmte Nahrungsmittel vermutet wird. Dann soll der Patient während der ersten beiden Wochen nur bestimmte allergenarme Nahrungsmittel zu sich nehmen (zum Beispiel Brot, Reis, Butter, Kartoffeln, Haferflocken, Tee und Mineralwasser). Nach dieser Phase darf er schrittweise wieder andere Speisen dazunehmen.

Sobald eine deutlich allergische Reaktion beobachtet wird, läßt man das zuletzt hinzugefügte Lebensmittel probehalber noch einmal weg und nimmt es dann von neuem in den Speiseplan auf. Tritt die Reaktion nochmals zutage, kann man ziemlich sicher davon ausgehen, daß ebendieses Lebensmittel der Auslöser war. Während solcher Versuchsphasen sollte sich der Patient täglich genauestens notieren, was er alles zu sich nimmt.

Was passiert bei einem Hauttest?

Da der Organismus nicht an allen Stellen über gleich viele Immunstoffe verfügt, also nicht überall in gleichem Maße allergisch reagiert, werden Hauttests meistens am Rücken oder Unterarm durchgeführt.

Am Rücken und am Unterarm finden sich besonders viele Abwehrstoffe in der Haut.

Sobald einmal eine Allergie vorhanden ist, wird der Organismus die Informationen über den Auslöser speichern. Bei jedem neuen Kontakt mit demselben Allergen wird er dann wieder überschießend reagieren, und diese Reaktion kann sich von Mal zu Mal noch weiter steigern. Deshalb ist es für den Neurodermitis-Patienten von Nutzen, seine spezifischen Auslöser zu kennen und nach Möglichkeit den Kontakt mit ihnen von vornherein zu meiden.

Es gibt nun unterschiedliche Arten von Hauttests. Gemeinsam ist ihnen, daß der verdächtige Stoff direkt mit der Haut in Kontakt gebracht wird, und zwar folgendermaßen:

Hauttests erfordern viel Geduld.

- Beim Reibetest wird die Substanz direkt auf der Haut leicht verrieben.
- Beim Scratchtest ritzt man die Haut leicht an und verreibt den Stoff dann auf der Hautoberfläche.
- Der Pricktest sieht vor, daß winzige Mengen des Allergens mit einer Lanzette in die oberen Hautschichten eingestochen werden. Dabei ist Vorsicht geboten: Es soll möglichst nicht bluten.
- Beim Intrakutantest wird der Arzt die verdächtige Substanz – wie der Name schon sagt – ein wenig tiefer in die Haut hineinspritzen.

Trotzdem kann es vorkommen, daß man im Test auf Allergene reagiert, für die sonst keine Überempfindlichkeit existiert. Es ist sogar möglich, daß Reaktionen auf mechanische Reize (Ritzen, Einstich) zurückgehen und dann alles anspricht oder daß ganze Testreihen überhaupt nichts ergeben.

Diese aufgeführten Arten von Hauttests werden gerne angewandt, um eine Reaktion vom Typ 1 regelrecht zu provozieren. Die Hauterscheinungen treten sofort beziehungsweise spätestens nach ein paar Minuten auf und können vom erfahrenen Allergologen in der Regel genau interpretiert werden.

Wo liegen die Unterschiede zwischen den einzelnen Verfahren?

Der Unterschied liegt jeweils in der Intensität des Kontaktes: Je weiter das verdächtige Allergen in die Haut eingebracht wird, um so schneller kann die erwartete Reaktion auftreten.

Genau hier liegt aber auch das Risiko, daß die gewohnten Auswirkungen wie Juckreiz, Schwellung, Rötung und Kreislaufschwankungen auf einmal unerwünscht stark ausfallen und unter Umständen einen allergischen Schock hervorrufen. Deshalb ist es wichtig, daß diese Tests nur von einem erfahrenen Allergologen durchgeführt werden und daß er jeweils die kleinstmögliche Teststufe anwendet.

Der Hautarzt wird die Testmöglichkeiten genau abwägen und den passenden Test aussuchen.

Bei Verdacht auf eine Typ-4-Reaktion wird dagegen der verdächtige Stoff auf kleine Pflaster oder Läppchen aufgetragen (daher die Bezeichnung Pflaster- oder Läppchentest) und dem Patienten direkt auf den Rücken geklebt. Bis sich hier eine deutliche Reaktion zeigt, müssen Arzt und Patient je nachdem ein bis drei Tage Geduld aufbringen.

Wann ist ein Bluttest sinnvoll?

Beim Bluttest, auch RAST-Test genannt, werden allergiespezifische Antikörper im Blut nachgewiesen. Dieser Test empfiehlt sich zum Beispiel bei Kindern, die die lästige Prozedur der Hauttests nicht über sich ergehen lassen würden.

Diese Tests sind jedoch alleine für sich genommen noch nicht zwingend beweiskräftig. Deshalb werden die so erreichten Ergebnisse in den meisten Fällen noch einmal überprüft.

Was geschieht beim Provokationstest?

Bei einem Provokationstest wird der allergieverdächtige Stoff dem Organismus unter genauer ärztlicher Beobachtung noch einmal zugeführt. Diese Provokation (= Hervorrufen) der allergischen Symptome geht mit dem Karenzversuch automatisch Hand in Hand. Als Ergänzung zu Haut- und Bluttests wird dem Verdacht nachgegangen, daß die überprüfte Substanz die allergische Reaktion hervorruft.

Bei Nahrungsmittelallergien wird der fragliche Stoff einfach wieder in den Speiseplan mit aufgenommen und das Verhalten des Organismus genau beobachtet. Andere Allergene können auch direkt auf die Nasenschleimhaut, Bindehaut oder Bronchien aufgetragen werden. Dann ist allerdings höchste Vorsicht geboten: Die normale „positive" Reaktion besteht in plötzlichem Niesreiz, Schnupfen, Augenjucken oder einem Bronchialkrampf.

Der Arzt muß aber genauso darauf vorbereitet sein, daß unter Umständen starke allergische Schübe auftreten, und entsprechend muß er im Notfall sofort eingreifen und behandeln können.

Im Extremfall kann ein allergischer Schock entstehen!

Die Auswertungen, die durch solche Tests gewonnen werden, sind allerdings nur kleine Teilchen in einem großen Gesamtbild. Aber sie können viel dazu beitragen, dem Patienten seine Krankheit ein wenig durchschaubarer zu machen und ihm zu helfen, wenigstens die nun bekannten Allergene soweit als möglich zu meiden und so manchmal doch eine ganz erhebliche Linderung zu erfahren.

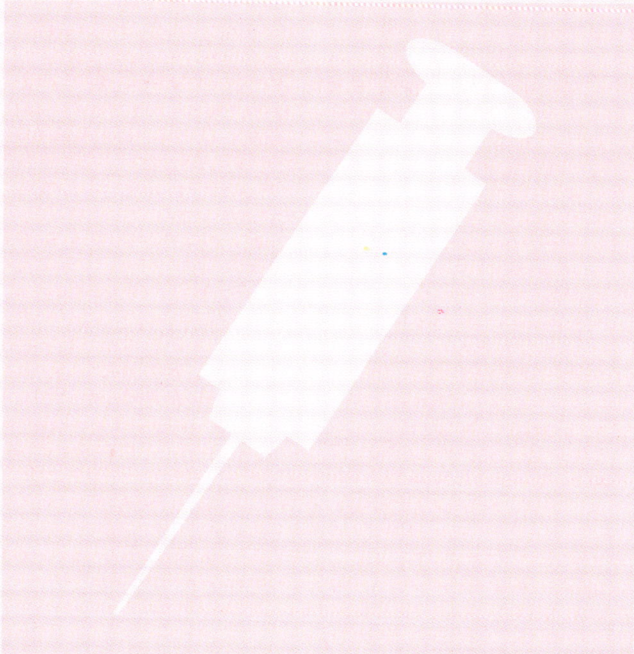

Wie wird Neurodermitis behandelt?

So vielfältig wie die Ausprägungen sind auch die Behandlungsmöglichkeiten. Der erfahrene Hautarzt hat ein breites Spektrum an Therapien und Medikamenten zur Verfügung, aus dem er genau die Maßnahmen auswählen kann, die Ihren Bedürfnissen entsprechen.

In diesem Kapitel wird einfach und verständlich beschrieben, wie die verschiedenen Medikamente und Pflegepräparate wirken, was bei kortisonhaltigen Mitteln zu beachten ist und was Ihr Arzt darüber hinaus noch alles für Sie tun kann.

Wer kann Neurodermitis behandeln?

Die meisten Neurodermitis-Patienten wissen im Laufe der Zeit aus eigener Initiative sehr gut über ihre Erkrankung Bescheid. Dennoch muß ihnen klar sein, daß sie die Beobachtung, Behandlung und Kontrolle der Krankheitssymptome nicht in Alleinverantwortung übernehmen können.

Werden Sie nicht Ihr eigener Arzt!

Zunächst einmal brauchen Sie den erfahrenen Facharzt, den Hautarzt und Allergologen, um überhaupt eine klare Diagnose zu erhalten. Hier verfügt der Spezialist über die ganze Bandbreite an Möglichkeiten, um sich einen genauen Eindruck von der Krankheit, ihren Auslösern und den am häufigsten auftretenden Symptomen zu verschaffen.

Die Möglichkeiten, eine atopische Erkrankung zu behandeln und die zugehörigen Symptome einzudämmen, waren noch nie so vielfältig und effektiv wie heutzutage. Doch nur der erfahrene Spezialist kann aus der Vielfalt der Therapien diejenige herausfinden, die dem jeweiligen Patienten und seinen speziellen Bedürfnissen am besten entspricht.

Auf was müssen Sie bei der Auswahl Ihres Arztes besonders achten?

Es spielt keine Rolle, ob Ihr Hautarzt jung oder alt, männlich oder weiblich ist. Was aber wichtig ist und was wir Ihnen empfehlen möchten, das ist der „gute Draht" zwischen Ihnen und dem „Arzt Ihres Vertrauens", wie es immer so schön heißt. Wenn Verständnis und Sympathie fehlen, nützt auf Dauer die beste medizinische Behandlung nichts.

Außerdem sollte sich ein Arzt immer genügend Zeit für die Sorgen und Nöte seiner Patienten nehmen. Gerade bei Hauterkrankungen, die oftmals auch psychische Probleme des Neurodermitikers widerspiegeln, ist es wichtig, aufmerksam zuzuhören. Eine erfolgreiche Behandlung braucht in erster Linie genügend Zeit, auch schon, beim Gespräch mit dem Patienten. Wenn diese Voraussetzungen nicht gegeben sind, sehen Sie sich doch lieber nach einem anderen Arzt um.

Kann Ihr Arzt zuhören?

Wie oft kann man den Arzt wechseln?

Sie können wechseln, sooft Sie wollen – aber von Vorteil ist das nicht. Sie verlieren damit meistens Zeit: Der neue Arzt muß die Vorgeschichte erfragen, die Diagnose neu stellen und einiges mehr. Deshalb verzweifeln Sie nicht, wenn eine vorgeschlagene Therapie nicht gleich deutliche Erfolge zeigt. Haben Sie etwas Geduld, und arbeiten Sie weiterhin mit Ihrem Arzt zusammen – eine langfristige Kooperation ist die beste Voraussetzung für eine effektive Behandlung.

Was können Sie zur Behandlung beitragen?

Mit Geduld können Sie viel erreichen!

Je besser Sie informiert sind, um so mehr können Sie selbst für sich tun: Das geht von der richtigen Hautpflege über den sinnvollen und möglichst mäßigen Einsatz von Medikamenten bis hin zum Erhalt des seelisch-psychischen Gleichgewichts.

Trotz aller praktischer Tips will dieses Buch keine Anleitung zur Selbsthilfe sein. Aber je mehr Informationen Sie haben, um so besser können Sie mit Ihrem Arzt zusammenarbeiten und gemeinsam die für Sie beste Methode herausfinden, Ihre Symptome dauerhaft zu lindern.

Vor allem können Sie den Arzt immer auf dem laufenden halten über ihre Symptome, aktuelle Infektionen (auch ein Schnupfen kann Folgen haben) und Medikamente, die Sie aus anderen Gründen nehmen. Das sind Informationen, die der Arzt für die Behandlung von Neurodermitis braucht. Leider sind viele Patienten noch nicht daran gewöhnt, aktiv mitzuarbeiten.

Warum gibt es keine spezielle Neurodermitis-Medizin?

Jeder Neurodermitispatient reagiert auf seine spezifischen Auslöser. Und selbst wenn zwei Patienten auf denselben Auslöser reagieren, treten meist völlig verschiedene Symptome auf. Neurodermitis ist eine ganz eigenartige Krankheit, sozusagen ein auf jeden Kranken individuell zugeschneidertes Leiden. Diese Tatsache macht es dem Arzt und Patienten besonders schwer. Sowohl die Faktoren, die eine Neurodermitis auslösen, wie auch die Symptome der Krankheit, können dergestalt vielfältig miteinander kombiniert sein, daß nicht nur die Diagnose erhebliche Schwierigkeiten bereitet, sondern auch die Behandlung nicht nach einem herkömmlichen Schema durchgeführt werden kann. Eine Pilzinfektion oder eine Entzündung der Magenschleimhaut beispielsweise legen eine verhältnismäßig einfache Behandlungsstrategie nahe. Auch über bestimmte Medikamente muß man nicht streiten, denn erfahrungsgemäß heilen sie das Leiden rasch aus. Nicht so bei einer Neurodermitis.

Welche Puzzleteile machen Ihr Atopiemosaik aus?

Man kann die Neurodermitis ganz anschaulich mit einer Art von Puzzlespiel vergleichen. Das Krankheitsbild jedes einzelnen Neurodermitis-Patienten setzt sich aus den verschiedensten Mosaiksteinchen zusammen. Der Dermatologe spricht dabei von einem „Atopiemosaik".

Was versteht man unter einem Atopiemosaik?

Ein Atopiemosaik ist das Krankheitsbild eines Patienten, das seine persönlichen Auslöser und seine spezifischen Reaktionen umfaßt, die diese Auslöser bei ihm hervorrufen. Die Ausprägungen der atopischen Veranlagung können von einem Menschen zum anderen grundverschieden sein. Und die drei Erkrankungen aus dem atopischen Formenkreis treten oft in Kombinationen auf.

- Es gibt Patienten, die unter ausgeprägter Neurodermitis und ab und zu an leichten Heuschnupfensymptomen leiden (Beispiel 1).
- Ebenso gibt es starken Heuschnupfen kombiniert mit nur leichten Ekzemformen (Beispiel 2)
- oder Neurodermitis gleichzeitig mit starkem Asthma (Beispiel 3).

Ganz selten kommt es auch vor, daß ein Patient an allen drei ausgeprägten Krankheitsbildern gleichzeitig erkrankt.

Welche Möglichkeiten hat der Arzt?

Da jeder Patient natürlich seine individuellen Auslöser und Symptome hat, braucht er auch seine individuelle Behandlung.

Bei der Aufstellung des jeweiligen Therapieplans wird der Facharzt die verschiedenen Einflußfaktoren berücksichtigen:

- die Familienanamnese (Krankheits-Vorgeschichte),
- den aktuellen Hautzustand des Patienten,
- die notwendigen Reinigungs- und Pflegemaßnahmen,
- die soziale Situation und Umgebung des Patienten,
- Ernährungsgewohnheiten,
- seelische und psychische „Streßfaktoren".

Um die Behandlung dem aktuellen Hautzustand anzupassen, ist es oft sinnvoll, die äußerliche, innerliche und die Allgemeinbehandlung miteinander zu kombinieren.

Vielleicht ist „die Neurodermitismedizin", nach der alle Patienten, behandelnde Ärzte und die Pharmaforschung suchen, einfach eine gelungene Mischung aus einem so umfassend wie möglich über die Krankheit informierten Patienten, einem erfahrenen Arzt und ganz viel Geduld auf beiden Seiten.

Geduld und Vertrauen sind die besten Voraussetzungen für den Behandlungserfolg.

Welche Salben für welchen Zweck?

Gemäß der eben genannten Aufzählung von Methoden beginnen wir mit der äußerlichen Behandlung. Sie bezieht sich auf die Reinigung und Pflege der angegriffenen Haut.

Auch hier gibt es natürlich kein pauschales Pflegepräparat, das für alle Neurodermitiker gleichermaßen geeignet wäre. Was jedoch für alle gilt, ist der Grundsatz: Pflegen und vorbeugen, solange man kann, behandeln nur, wenn man muß.

Der Arzt hat je nach dem aktuellen Hautzustand die Möglichkeit, ein Präparat aus folgender Palette zu verordnen:

Das jeweilige Pflegepräparat muß sorgfältig ausgesucht werden.

- eine Pflegesalbe auf fetter Grundlage (Salbe, Fettsalbe)
- eine weniger fette Zubereitung (Creme, Emulsion oder Lotion)
- eine wirkstoffhaltige Salbe (zum Beispiel kortisonhaltige oder antibiotische Salbe).

(Auf kortisonhaltige Medikamente gehen wir an späterer Stelle noch ausführlich ein.)

Mit diesen Zubereitungen hat jeder Neurodermitis-Patient im Laufe seiner Krankheit einmal zu tun. Sie werden in verschiedenen Phasen eingesetzt: Bei akuten Ekzemen sind andere Zusammensetzungen wirksam als bei chronischen Zuständen. Von „akut" spricht man, wenn Hauterscheinungen neu auftreten oder sich schon bestehende Ekzeme deutlich verschlechtern. Dann entstehen Rötung der Haut, nässende Bläschen und schließlich Krusten.

Hier wird man eine nicht allzu fette Salbe wählen, weil sich sonst zwischen dem Ekzem und der Fettschicht ein Flüssigkeitsstau bildet. Es ist wichtig, daß die Haut noch atmen kann. Es empfiehlt sich eine Öl-in-Wasser-Emulsion (Creme oder Hydrolotion), die ähnlich wie in Milch kleinste Öltröpfchen mit Hilfe von Emulgatoren im Wasser verteilt hat. Durch den hohen Wassergehalt entsteht der Eindruck, daß die Lotion gut in die Haut einzieht – dabei ist es nur die Feuchtigkeit, die so schnell verdunstet, denn: Öl-in-Wasser-Emulsionen haben eher einen austrocknenden Effekt.

Wann wird eine Fettcreme eingesetzt?

Eine Fettcreme kommt in der Regel zum Einsatz, wenn das Ekzem schon chronisch geworden ist: Die Haut erscheint dann dicker, sie ist trocken und rissig, weist vermehrte Schuppung und Verhornung auf. In solchen Fällen ist eine fetthaltige Salbe genau richtig: Hier sind, wie in Butter, feinste Wassertröpfchen dicht von Öl umgeben. Diese Cremes legen sich wie ein Schutzfilm auf die Haut und verhindern so zu starke Verdunstung der hauteigenen Feuchtigkeit. Zusätzliche Wirkstoffe wie Kortison oder Antibiotika helfen gegen die Entzündung.

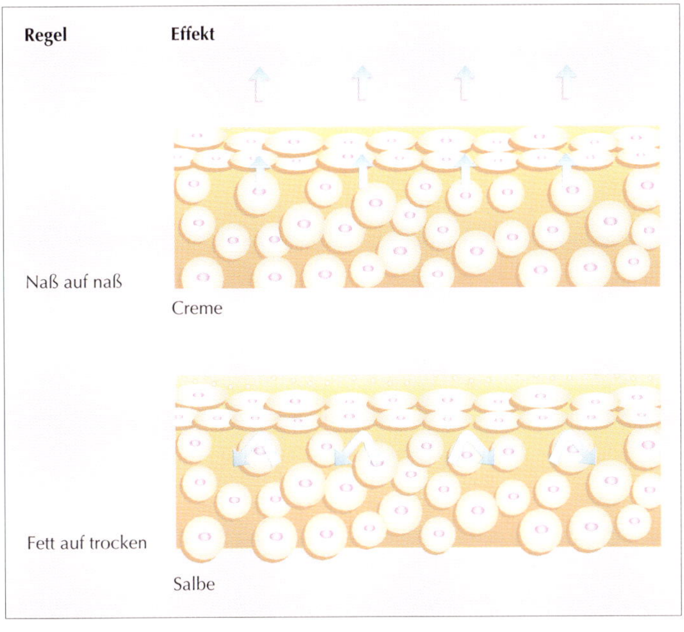

Cremes und Salben können völlig unterschiedlich Wirkungen erzielen. Bei einer trockenen Haut sollte zum Beispiel auf feuchtigkeitsentziehende Cremes verzichtet werden.

Ein Nachteil von Fettsalben ist ihr unangenehmer Glanz. Zudem erzeugen sie durch den stark abdeckenden Effekt sehr schnell Wärme. Es bildet sich Schweiß, der zu Juckreiz führen kann. Deshalb wirken sie im Alltag oft störend. In solchen Fällen kann man darauf ausweichen, tagsüber nur eine Creme oder Lotion aufzutragen und die Fettsalbe dann in der Nacht anzuwenden, wenn es keiner sieht.

Verwenden Sie nur Produkte, die Ihnen angenehm sind.

Ein weiteres Problem entsteht bei teerhaltigen Salben. Vor allem Kinder wehren sich gegen eine Behandlung mit Teersalbe, weil sie aufgrund des unangenehmen Geruchs oftmals von anderen gemieden werden. Auch hier kann man auf die abendliche oder nächtliche Anwendung ausweichen; bis zum nächsten Morgen hat sich der Geruch dann verflüchtigt.

Vermeiden Sie nach Möglichkeit auch Produkte mit Zusatzstoffen: Parfumstoffe und sonstige Zusätze können die Haut nur noch mehr reizen, und ihr Nutzen ist weitgehend umstritten.

Am besten verträglich und wirksam sind nachweislich die Salben, die von den Patienten mittelfristig als angenehm und leicht aufzutragen empfunden werden.

Wann wird eine wirkstoffhaltige Salbe verordnet?

Salben, denen Wirkstoffe beigefügt sind, dürfen nicht zu dick aufgetragen werden.

Wenn die Haut so angegriffen ist, daß eine konservierende (= erhaltende) Pflege nicht ausreicht, wird der Arzt eine Salbe verordnen, die bestimmte Wirkstoffe enthält:

- bei Entzündung und Juckreiz: teerhaltige Präparate, Bufexamac, Kortison
- bei stark schuppender Haut: Harnstoff, Salizylsäure
- bei Komplikationen durch Pilze, Bakterien oder Viren: Antimykotika oder Antibiotika.

Sogenannte Basissalben, die keine speziellen Wirkstoffe enthalten, können Sie anwenden, sooft Sie wollen beziehungsweise Ihre Haut es verträgt.

Welche Regeln müssen Sie beim Auftragen von wirkstoffhaltigen Salben beachten?

1. Sie müssen auf jeden Fall die Anwendungshinweise Ihres Arztes (oder die des Beipackzettels) befolgen. Es hat keinen Zweck, die Haut fünfmal am Tag einzucremen, nach dem Motto „Viel hilft viel". Die Haut hat ihre Wirkstoffdepots in der Hornschicht, und wenn diese gesättigt sind, nützt das konsequenteste Eincremen nichts mehr.

2. Tragen Sie die Wirkstoffcreme nur ganz dünn auf. Und natürlich nur auf die angegriffenen Hautstellen. Nach Möglichkeit massieren Sie die Salbe noch ein wenig ein. Nur die Salbenschicht, die direkt auf der Haut liegt, kann jeweils ihre Wirkstoffe abgeben.

3. Bewahren Sie keine alten Salbenreste auf: Die Inhaltsstoffe können sich unter Umständen zersetzen und dann die Haut zusätzlich aufs neue reizen. Im Zweifelsfall gehen Sie zu Ihrem Arzt oder Apotheker. Wenn Sie einen erneuten starken Ekzemschub haben, gehen Sie ja sowieso zum Arzt, der Ihnen dann wieder eine neue Salbe verschreibt.

4. Führen Sie Buch über Ihre verschiedenen Salben, sonst wissen Sie bald nicht mehr, wann welche Salbe zum Einsatz kommt. Merken Sie sich auch die verschiedenen Wirkstoffe und bei welchen Symptomen sie angewandt werden.

Natürlich müssen Sie auch als Atopiker besonders auf ausreichenden Lichtschutz achten. Am besten eignet sich dafür eine Fettcreme, die zusätzlich mit einem sehr hohen Lichtschutzfaktor ausgerüstet ist. Es gibt auch schon Hersteller, die spezielle Sonnencremes für Neurodermitiker produzieren. Vergessen Sie vor allem das gängige Schönheitsbild „Nur braun ist schön".

Was ist bei Kortison zu beachten?

Das wichtigste ist, daß der Einsatz von kortisonhaltigen Präparaten oder Medikamenten jedesmal aufs neue sorgfältig abgewogen wird. Gegen einen verantwortungsbewußten Umgang mit Kortison ist nichts einzuwenden; es ist als Therapiemöglichkeit aus der Behandlung der atopischen Krankheitsbilder nicht mehr wegzudenken.

Was ist Kortison?

Kortison ja – aber vorsichtig dosiert!

Kortison ist ein Hormon der Nebennierenrinde. Es wird also im menschlichen Organismus produziert, genauso wie das Kortisol. Heute wird eine ganze Reihe Kortisone, auch Kortikosteroide genannt, künstlich hergestellt.

Kortison wird in drei verschiedenen Formen auf dem Markt angeboten:

1. als Salbe oder Creme,
2. in Tablettenform oder als Injektionslösung,
3. in Form von sogenannten Aerosolen, das heißt als Pumpspray speziell für Asthmatiker.

Wie wirkt Kortison?

Kortison setzt einen Mechanismus in Gang, der das Immunsystem bremst und so Überreaktionen verhindert. Deshalb setzt man Kortison gegen Allergien ein. Bei Anwendung von kortisonhaltigen Salben lassen auch die Hautsymptome sehr rasch nach. So ist es bei akuten Neurodermitisschüben durchaus angebracht, um eine schnelle Besserung zu erzielen. Nur darf es nicht zur Langzeittherapie werden, denn sonst treten die gefürchteten Nebenwirkungen auf. Aus der Notfallmedikation ist Kortison allerdings heute nicht mehr wegzudenken: Es hat zum Beispiel bei Transplantationen, allergischen Schocks oder Asthmaanfällen bereits unzähligen Patienten das Leben gerettet.

Wie kann man sich vor Nebenwirkungen schützen?

Die häufigsten Nebenwirkungen bei langfristiger systemischer (innerlicher) Anwendung von Kortison sind

- unerwünschte Knochenveränderungen
- Verdünnung der Haut (sogenannte Glashaut)
- Aufschwemmung des Zellgewebes (sogenanntes Vollmondgesicht)
- Wachstumsstörungen
- Impotenz und Zeugungsunfähigkeit
- Haarausfall
- Suchterscheinungen
- Psychosen.

Kortison kann eine Reihe unangenehmer Nebenwirkungen auslösen.

Bei nur äußerlicher Anwendung entstehen Nebenwirkungen nur am Einwirkungsort, das heißt auf der Haut, wo es zur Verdünnung kommen kann (pergamentpapierartige Haut). Grundsätzlich sollte eine Kortisonbehandlung „ausschleichend" beendet werden – nur die langsame und sorgfältige Reduktion des zugeführten Kortisons kann die Rückbildung der Ekzeme garantieren.

Um diese Nebenwirkungen zu vermeiden, sollten Sie folgende Grundsätze beachten:

- Benutzen Sie eine kortisonhaltige Salbe nur dann, wenn es wirklich notwendig ist.
- Setzen Sie Kortison nur kurzfristig ein, höchstens für ein paar Wochen.
- Benutzen Sie anschließend eine kortisonfreie Salbe, um die Haut weiterhin konsequent zu pflegen.
- Tragen Sie eine kortisonhaltige Salbe höchstens ein- bis zweimal am Tag auf, und pflegen Sie Ihre Haut für den Rest des Tages mit einer Basissalbe ohne spezielle Wirkstoffe.

Bei verantwortungsvollem Umgang mit Kortison kann es viel Gutes bewirken. Aber stimmen Sie jeden Einsatz mit Ihrem Arzt ab und hören Sie auf seinen Rat.

Moderne Spezialkliniken für Neurodermitis-Patienten

Kliniken, die sich auf die Heilung von Neurodermitis spezialisiert haben, bieten dem Patienten in der Regel besonders gute und rasche Heilungschancen, weil man dort ganz gezielt die speziellen Probleme des Neurodermitikers kennt und damit umgehen kann.

Die Fachklinik für Psychosomatische Dermatologie und Psychotheraphie Wersbacher Mühle in der Nähe von Köln ist ein Beispiel dafür, wie solche Spezialkliniken arbeiten. Im Vordergrund steht ein ganzheitliches Behandlungskonzept, das auf den Säulen Schulmedizin, Naturheilkunde und Psychotheraphie ruht.

Bewegung hilft, die Selbstheilungskräfte des Körpers zu aktivieren.

Neben dem Dermatologen tritt der Psychotherapeut, der im Gespräch mögliche Ereignisse im Leben des Patienten herauszufinden versucht, die womöglich als Auslösefaktoren für die Krankheit in Frage kommen und zusammen mit dem Patient psychisch verarbeitet werden müssen. Entspannungstechniken wie autogenes Training, Musik- und Gestaltungstherapien und Einzel- und Gruppengespräche helfen, mit den seelischen Belastungen einer Neurodermitis besser fertig zu werden.

Auch Sport ist wichtig: Bei Wassergymnastik, Jogging in einer ländlichen Umgebung oder Gymnastik und Tanz sollen die Patienten trotz ihres gravierenden Leidens wieder Spaß am Dasein bekommen.

Die kleine Spezialklinik liegt fast idyllisch in einer schönen Landschaft.

Das A und O der Therapie ist die richtige Ernährung. Unter Anleitung erfahrener Diätassistenten lernen die Patienten in der Klinikküche, ihre Speisen selbst und abwechslungsreich zuzubereiten. So fällt es später leichter, dies auch im Alltag fortzusetzen. Was bei einer ambulanten Behandlung nicht möglich ist, läßt sich in der Klinik leicht umsetzen.

Die ganze Behandlung ist darauf ausgerichtet, dem Patienten, der die Klinik nach einiger Zeit keinesfalls völlig geheilt verlassen kann, Verhaltensmuster anzutrainieren, die es ihm ermöglichen, zu Hause besser mit seinem gesundheitlichen Problem weiterzuleben und so langsam an einer endgültigen Gesundung zu arbeiten.

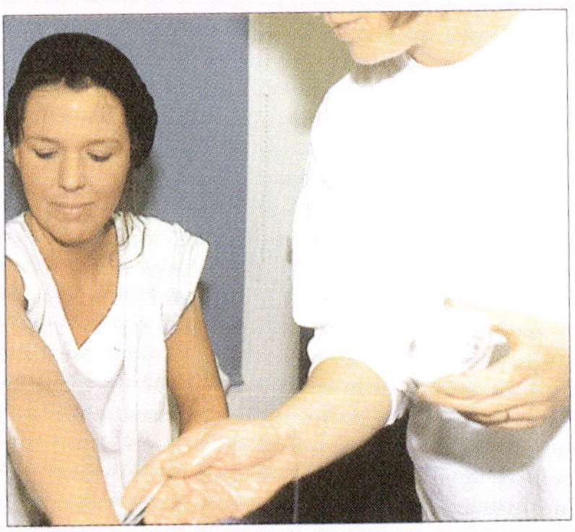

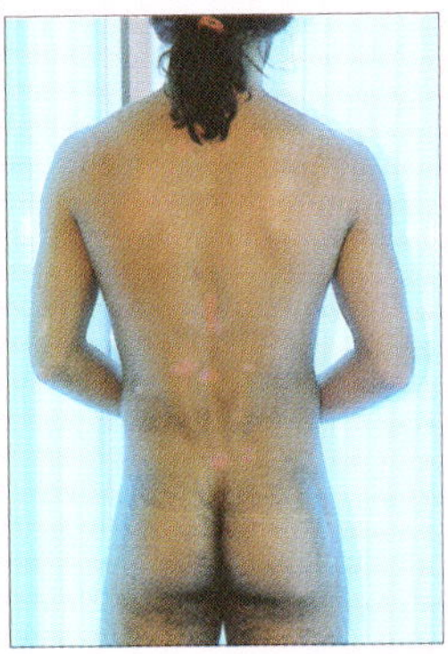

Behandlung mit Salben und Licht gehört zum täglichen Ritual der Patienten.

Wie werden allergische Beschwerden gelindert?

Allergische Reaktionen des Organismus lassen sich theoretisch von vornherein vermeiden, wenn man die auslösenden Allergene kennt und den Kontakt mit ihnen konsequent verhindert. Leider ist das in den meisten Fällen leichter gesagt als getan – wie wollten Sie beispielsweise allen Pollen von blühenden Getreidesorten aus dem Wege gehen? Sie können ja nicht jedes Jahr für drei Monate auf eine Nordseeinsel ziehen.

Was Sie allerdings im Alltag vermeiden können, sind die Ekzemausbrüche nach Nickelkontakt oder bei Nahrungsmittelallergie. Hier kennen Sie in der Regel die Auslöser gut und können sich daher weitgehend vor ihnen hüten.

Was kann man bei Heuschnupfen tun?

Kennen Sie Ihre Heuschnupfen-Auslöser?

Eines kann man wie gesagt wahrscheinlich nicht: Die Auslöser konsequent umgehen. Aber Sie als Betroffene können Ihre Beschwerden schon dadurch ein wenig lindern, daß Sie während der Pollenflugzeit an besonders windigen Tagen nur aus dem Haus gehen, wenn es sich nicht vermeiden läßt. Verfolgen Sie außerdem die Pollenflugvorhersage, die viele Radiosender regelmäßig anbieten. Tragen Sie Ihre Haare möglichst kurz, und waschen Sie sie jeden Abend. Lüften Sie die Wohnung abends oder nachts, und schließen Sie spätestens ab vier Uhr früh die Fenster – diese Kleinigkeiten bringen weitere Erleichterung.

Trotzdem werden Sie wahrscheinlich um Medikamente nicht ganz herumkommen. Hier gibt es im Groben drei Stufen der Behandlung:

- Dinatriumchromoglycicum: wird in Form von Nasensprays, Augentropfen und Inhalationslösung angeboten. Die Substanz ist gut verträglich und eignet sich

Verlassen Sie sich nicht allein auf die Medikamente!

auch zur Behandlung von Kindern, bei denen vor allem Augentropfen leicht brennen.

- Antihistaminika: gibt es als Saft, Tabletten, Tropfen oder Spritzen. Sie werden bei leichten bis mittelschweren Allergieschüben angewandt und erschweren die Histaminfreisetzung. Bei diesen Medikamenten ist Vorsicht geboten: manche wirken schnell ermüdend und leistungsmindernd.
- Kortison: wird in Sprays, Lösungen, Tabletten oder Spritzen bei heftigen allergischen Reaktionen (zum Beispiel bei einem akuten Asthmaanfall) eingesetzt und ist hier nicht mehr wegzudenken, darf aber nicht langfristig verwendet werden.

Für eine gewisse Zeit können diese Medikamente akute Beschwerden lindern. Auf Dauer sind sie aber nicht geeignet, da sie nicht die Ursachen bekämpfen, sondern lediglich die Symptome abschwächen.

Welchen Nutzen hat eine Hyposensibilisierung?

Die Hyposensibilisierung eignet sich für bekannte Pollen-, Bienengift- und Wespengiftallergien, nicht aber für Nahrungsmittelallergien. Dem Patienten wird dabei das krankmachende Allergen in kleinen Mengen in das Unterhautgewebe injiziert, um ihn so dagegen unempfindlich zu machen. Die Dosis wird im Laufe der Zeit langsam gesteigert, die Behandlung zieht sich über mindestens drei Jahre hin. Die überschießende Immunantwort des Körpers auf das Allergen soll auf diese Art in normale Bahnen zurückgeleitet werden. Bei manchen Allergien gelingt dies relativ gut.

Auf jeden Fall sollten sich Allergiker nicht damit abfinden, nun für den Rest ihres Lebens Heuschnupfen-Patienten zu sein, denn wenn man nicht sinnvoll behandelt, kann es passieren, daß der Heuschnupfen im Laufe der Jahre zu allergischem Asthma wird.

Welche Vorteile hat eine Klimatherapie?

Die heilsamen Auswirkungen eines Aufenthaltes im Reizklima haben sich für viele Allergiker, Asthmatiker und Neurodermitis-Patienten immer wieder deutlich gezeigt. Dabei gilt: Je krasser der Unterschied im Klima ist, um so günstiger sind die Folgen für das Krankheitsbild. Ein Aufenthalt im Mittelgebirge bringt daher keine so großen Erfolge wie im Hochgebirge oder direkt am Meer, wo das ultraviolette Licht besonders intensiv ist. Von dessen Heilwirkung war schon die Rede.

Nutzen Sie die positiven Klimaeffekte so oft wie möglich!

Die Vorteile einer Klimatherapie sind unbestritten:

- Es gibt keine Nebenwirkungen wie bei manchen Medikamenten.
- Auch die Seele macht Urlaub vom gewohnten Umfeld, vom gewohnten Streß, der so manches Mal daran schuld ist, daß die Hauterscheinungen immer wieder aufs neue auftauchen.
- Der Tagesablauf ist im Urlaub grundsätzlich viel geruhsamer, die zu bewältigenden Aufgaben sind deutlich weniger.
- Während eines Aufenthaltes in einer Kurklinik werden meistens auch die Begleitangebote wahrgenommen; das geht von persönlicher Ernährungsberatung über Sport, Yoga, autogenes Training und problemorientierte Gesprächskreise bis hin zu psychologischer Einzelberatung.
- Die nötige Klimakur für ein Familienmitglied kann mit dem Familienurlaub zusammengelegt werden, so daß gerade Kinder nicht das Gefühl haben, sie würden abgeschoben.
- Die Luft ist deutlich allergenärmer; dafür kommen im Reizklima heilsame luftchemische und luftelektrische Einflüsse hinzu, die in der gewohnten Umgebung nicht existieren.

Wo ist der Aufenthalt besonders günstig?

Empfohlen werden vor allem das Hochgebirge über 1500 m und der Aufenthalt direkt am Meer, zum Beispiel auf einer Nordseeinsel. Günstige Klimaeinflüsse bieten auch das Mittelmeer, die Kanarischen Inseln und das Tote Meer.

Für Atopiker ist von großem Vorteil, daß dort deutlich weniger Allergene vorkommen: Am Toten Meer existieren andere Blütenpollen als bei uns, im Hochgebirge überleben keine Hausstaubmilben, und die jodhaltige Meerluft entlastet die Bronchien.

Die Zahl möglicher Auslöser ist im Hochgebirge und am Meer deutlich reduziert.

Die ungewohnten Klimareize fördern die Bildung von körpereigenem Kortisol, das in diesem Umfang keine Nebenwirkungen hat und sich sehr günstig auf das Immunsystem auswirkt.

Entscheidende Effekte entstehen auch durch das Zusammenwirken von Sonne, Salzwasser und frischer Luft. Die Abhärtung stärkt das vegetative Nervensystem. Gut ist zum Beispiel ein Sonnenbad nach dem Schwimmen im Meer (mit nasser Haut) – aber geben Sie acht, daß Sie dabei keinen Sonnenbrand bekommen!

Bei schlechtem Wetter können Sie alternativ in Meerwasser-Hallenbädern schwimmen und die Bestrahlung nach ärztlicher Anweisung mit künstlichem Licht durchführen. Aber der Aufenthalt an der frischen Luft ist wann immer möglich vorzuziehen.

Wie lange wirkt die Klimakur?

Der positive Effekt hält nach dem Aufenthalt im Reizklima noch einige Wochen bis Monate an; je regelmäßiger Sie Klimaeinflüsse nutzen können, um so seltener werden die Rückfälle. Nach der Kur reicht oft eine pflegende Behandlung aus, um einen erneuten Ausbruch der Hauterscheinungen für eine ganze Weile zu vermeiden.

Magische Heilungskräfte durch Musik und Wasser: Liquid Sound

Das Klinikzentrum von Bad Sulza bietet ein ganzheitliches Behandlungskonzept an, das sich besonders auch an Eltern und Kinder wendet. Neben den herkömmlichen Behandlungsverfahren wie beispielsweise der Phototherapie, Bewegungs- und Massagetherapien, Ernährungsberatung, Wasser- und Wärmebehandlungen bietet Bad Sulza ein neuartiges, faszinierendes Entspannungsverfahren, das der Ingenieur Micky Remann in Zusammenarbeit mit den Klinikärzten entwickelte und Liquid Sound nannte.

Das Klinikzentrum Bad Sulza ist unter anderem auch auf Neurodermitis spezialisiert und orientiert die Arbeit am ganzheitlichen Therapiemodell.

„Baden in Licht und Musik", so charakterisiert Remann seine Erfindung. In einem großen Schwimmbecken mit Salzwasser sind Unterwasserscheinwerfer und spezielle Lautsprecher installiert, die unter Wasser Töne abstrahlen. Die Musik ist elektronisch produziert und versucht,

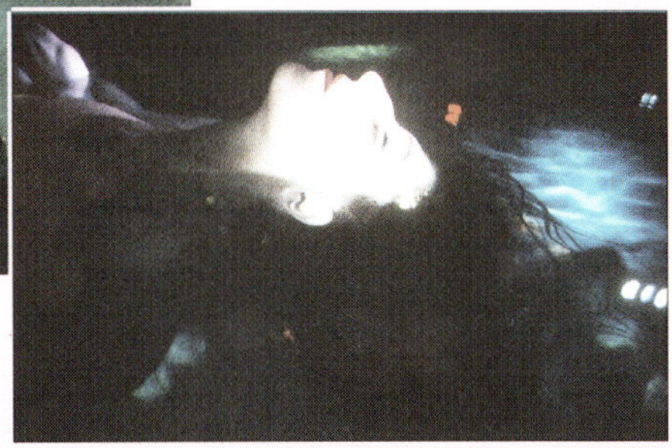

Bisher einmalig in der Welt ist ein neues Entspannungsverfahren, das in Bad Sulza entwickelt wurde und dort therapeutisch eingesetzt wird: Liquid Sound.

mit sanften, schwebenden Klängen den Zuhörer einzufangen und mit den Tönen eins werden zu lassen. Das Raffinierte dieses Verfahrens ist, daß die Badegäste in der körperwarmen Thermalsole schwerelos liegen, von ineinandergleitenden bunten Lichtkaskaden, die sich im Wasser vielfältig brechen, stimuliert werden, die Realität zu vergessen. Dazu kommen die Töne unter Wasser, die nicht nur mit den Ohren gehört, sondern vom ganzen Körper aufgenommen werden.

Diese eigenartige fremde Welt, die der Mensch als eine andere Dimension erlebt, entrückt jeden seinen körperlichen Problemen und bündelt die Sinne, führt sie in den Menschen selbst zurück. Der Effekt dieses schwerelosen Schwebens im Wasser, umspült von Licht- und Tonreizen, ist der einer Trance. Man entrückt der Realität, gibt sich nur dem Genuß der äußeren wohltuenden Reize hin, und der Körper stabilisiert sich dergestalt, daß er möglicherweise in der Lage ist, wichtige Selbstheilungskräfte anzuregen. Mit Liquid Sound läßt sich eine Neurodermitis nicht heilen, aber die entspannende Wirkung des Spektakels hilft das Immunsystem zu aktivieren.

Wie beantrage ich eine Reha-Maßnahme?

Wenn immer wieder Ekzemschübe auftreten, wird der behandelnde Arzt vor allem bei Kindern zu einer Badekur im Rahmen einer stationären Rehabilitation raten, weil hier keine Gefahr von Nebenwirkungen besteht. In den meisten Fällen übernehmen die Krankenkassen die Kosten oder zahlen Zuschüsse für Aufenthalt und Behandlung während der Kur.

Der Patient beziehungsweise seine Eltern besprechen mit dem Arzt, welche Art von Heilverfahren am sinnvollsten ist:

- ein heilklimatischer Aufenthalt oder eine ambulante Badekur,
- die Unterbringung in einer Kurklinik oder in einem Kinderkurheim.

Sowohl bei der stationären Rehabilitation als auch bei der ambulanten Badekur stellt der Patient (bei Kindern: die Eltern) einen Antrag an die Krankenkasse. Der betreuende Arzt fügt einen kurzen Befund an, in dem er den Aufenthalt ausdrücklich befürwortet. In der Regel wird eine Badekur alle drei Jahre genehmigt.

Ambulante Badekur bedeutet, daß der Patient sich selbst um ein Quartier in einem ausgewiesenen Seeheilbad kümmert. Der Aufenthalt muß mindestens drei Wochen betragen, in der Regel sind vier Wochen günstiger. Die Kasse zahlt einen Zuschuß für Unterkunft und Verpflegung pro Person und Tag und übernimmt sämtliche Behandlungskosten am Kurort.

Eine Kur beantragt man am besten zusammen mit dem Hausarzt, der auch die nötigen Formulare hat.

Voraussetzung der Kostenübernahme ist die wöchentliche Vorstellung des Patienten beim Badearzt. Dieser wird auch vor Ort entscheiden, welche Behandlungen der Patient während seines Aufenthaltes sinnvollerweise bekommt. Er verordnet Inhalationen, Meerwasserbäder, Massagen, Lichttherapie und ähnliches; er kann auch über eine Aufenthaltsverlängerung entscheiden.

Bei kleinen Kindern wird der Badearzt hauptsächlich viel Bewegung an der frischen Seeluft verordnen. Hier entfallen die Kassenzuschüsse für medizinische Behandlung, man spricht von einem heilklimatischen Aufenthalt.

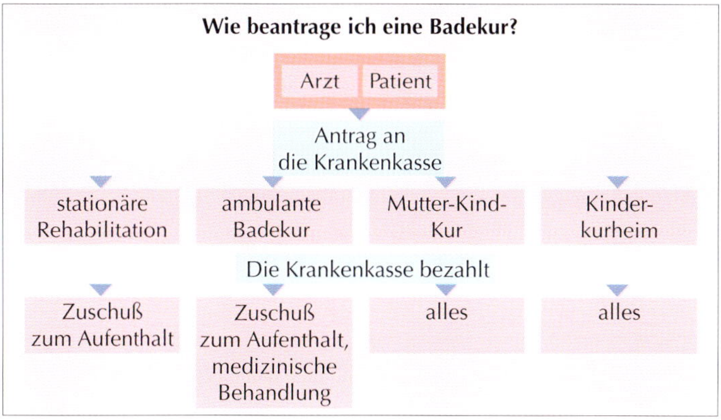

Eine Kur in der Kurklinik wird erforderlich, wenn der Patient unter ständiger erfahrener ärztlicher Aufsicht stehen muß. Der Antrag geht direkt vom Hausarzt an die Rentenversicherungsträger (LVA oder BfA). Diese schalten einen Vertrauensarzt ein, der dann die Entscheidung trifft. Über die Kosten einigen sich die Versicherungsträger mit der Krankenkasse.

Hier muß meistens mit Wartezeiten gerechnet werden, so daß auch der Wunschtermin selten berücksichtigt wird. Andererseits entstehen hier dem Patienten keine Aufenthaltskosten.

Wenn es bei kranken Kindern nicht möglich ist, ein Elternteil in die Kurklinik mit aufzunehmen, bleibt noch die Möglichkeit eines Kinderkurheims. Hier sind Kinder unter sich, es ist für Betreuung und oft auch schulische Begleitung gesorgt, und für Notfälle gibt es auch eine Krankenstation. Darüber hinaus stehen auch Heime für Mutter-und-Kind-Kuren zur Verfügung.

Welche Regeln gelten für die Ernährung?

Die Neurodermitis ist keine Nahrungsmittelallergie, doch bei etwa 10 % der Neurodermitis-Patienten kommen Nahrungsmittel als Provokationsfaktoren in Betracht. In diesem Kapitel erfahren Sie, welches die häufigsten Auslöser sind, wie Sie sie vermeiden oder durch andere Speisen ersetzen können und wie Sie Ihre Ernährung trotz der Einschränkungen mit Hilfe Ihres Arztes sinnvoll und gesund gestalten.

Welche Probleme verursachen Nahrungsmittel?

Bei einer ganzen Reihe von Neurodermitis-Patienten gehören Nahrungsmittel zu den möglichen Provokationsfaktoren. Neben echten Allergien wie zum Beispiel gegenüber Ei, Milch oder Mehl spielen oft auch Unverträglichkeiten gegenüber Zusatzstoffen (Farb- und Konservierungsstoffen), natürlichen Inhaltsstoffen (Salizylsäurederivaten) oder sonstigen Reizstoffen (Zitrusfrüchten, scharfen Gewürzen, Zucker oder Alkohol) eine wesentliche Rolle. Auch das Rauchen ist ein Provokationsfaktor, wobei schon das Passivrauchen bei den Betroffenen Ekzeme oder andere Atopiesymptome hervorrufen kann.

Welche Beschwerden verursacht eine Nahrungsmittelallergie?

Nahrungsmittel können Sofort- oder Spätreaktionen auslösen!

Es gibt zahlreiche verschiedene Reaktionen des Organismus auf ein unverträgliches Nahrungsmittel: Blähungen oder Durchfall, kolikartige Bauchschmerzen, Kopfschmerzen, Schwellungen an der Haut, den Lippen oder am Kehlkopf (kann akute Atemnot hervorrufen!), asthmatische Beschwerden und Kreislaufstörungen bis hin zum allergischen Schock.

Welche Nahrungsmittel sind besonders gefährlich?

Tendenziell reagieren Kinder eher allergisch auf tierische Produkte wie Hühnereier, Milch, Fisch und rohes Fleisch, Erwachsene eher auf pflanzliche Produkte wie Nüsse, Kernobst, Kräuter und Gewürze, Zitrus- und Beerenfrüchte sowie Vollkorngetreide.

Es gibt eine ganze Reihe von Nahrungsmitteln, die viel Histamin enthalten (oder Stoffe, die Histamin freisetzen); diese können Reaktionen hervorrufen, die von einer echten Allergie kaum zu unterscheiden sind. Zu ihnen gehören: Käse, Rohwürste (zum Beispiel Salami) und Cervelatwurst, alkoholische Getränke (Wein, Bier, Sekt), Sauerkraut, Fisch (Thunfisch, Sardine, Sardelle), Tomaten, Hülsenfrüchte, Erdbeeren, Ananas, Schokolade, Zitrusfrüchte (besonders Apfelsinen), außerdem viele Lebensmittelfarbstoffe und Konservierungsmittel. Unter Umständen muß man auf ein paar liebgewordene Speisen verzichten, wenn man sie nicht verträgt.

Auch Pseudo-Allergien können Ekzeme auslösen.

Auch mit immunologischen Kreuzreaktionen muß man als Atopiker rechnen. Das bedeutet, wenn eine Allergie auf bestimmte Stoffe vorliegt, reagiert der Patient mit großer Wahrscheinlichkeit auch auf verwandte Substanzen. So sind zum Beispiel bei einer Allergie auf Buchengewächse auch Haselnuß, Maronen, Bucheckern und Birkenblättertee zu meiden. Hier weitere Beispiele für solche Kreuzreaktionen:

Diese Allergien führen zu Kreuzreaktionen

Haselnuß	Roggenmehl
Roggenmehl	Mohn, Sesam, Kiwi
Latex	Banane, Avocado, Buchweizen, Tomate
Kuhmilch	Kalb- und Rindfleisch
Baumpollen	Stein- und Kernobst

Kreuzallergien liegen dann vor, wenn man gegen mehrere Allergene gleichzeitig allergisch reagiert.

Welche Ernährung ist sinnvoll?

Es gibt keine allgemeingültige Neurodermitis-Diät, die man pauschal empfehlen könnte. Jeder Patient hat seine eigenen spezifischen Auslöser, und so muß auch eine Ernährungsempfehlung ganz genau auf seine individuellen Bedürfnisse abgestimmt sein. Hier kann daher nur von Grundregeln die Rede sein.

Viele Patienten können beim Arzt genau angeben, welche Nahrungsmittel sie nicht vertragen. Dann wird mit Hilfe von Karenzversuch und Provokationstests schrittweise ein genauer Ernährungsplan erstellt, der eine Kostform beschreibt, die für den Patienten auf Dauer gut verträglich ist.

Was können Sie tun?

Jeder Patient ist ein Individualist!

Es gibt ein paar einfache Regeln, die Sie selbst ohne großen Aufwand befolgen können:

- Verlassen Sie sich nicht auf irgendwelche Berichte von Heilerfolgen durch Wunderdiäten. Sie können nicht übertragen werden – jeder Patient ist ein Individuum und braucht eine ganz spezielle, eigene Therapie. Wenn Sie sich für etwas Neues interessieren, fragen Sie Ihren Arzt nach seiner Meinung dazu.
- Gestalten Sie Ihren Speiseplan übersichtlich und abwechslungsreich. Sie brauchen nicht aus Furcht vor allergischen Reaktionen von vornherein auf vieles zu verzichten, was Ihnen schmeckt.
- Vermeiden Sie nach Möglichkeit Fertiggerichte und Produkte, die mit Konservierungs- und Farbstoffen versehen sind.
- Notieren Sie, wenn Ihnen ein Zusammenhang zwischen einer Ekzembildung oder -verschlechterung und einem bestimmten Nahrungsmittel auffällt, versuchen Sie es mit einem Verzicht darauf, und sprechen Sie mit Ihrem Arzt darüber.

Gibt es grundsätzliche Empfehlungen für Atopiker?

Ein Zweig der Neurodermitis-Forschung beschäftigt sich mit der Unterscheidung von säurebildenden und basenbildenden Nahrungsmitteln. Die durch die Nahrung ausgelösten Säureprozesse spielen sich in den Zellen ab und belasten den Stoffwechsel, sie fördern Zellblockaden, beeinträchtigen die Leberfunktion und verhindern die Einlagerung von Kalzium.

Als Atopiker sollten Sie versuchsweise von säurebildenden auf basenbildende Nahrungsmittel umsteigen, sofern diese nicht allergische oder pseudoallergische Reaktionen hervorrufen.

So gelten säurebildende Nahrungsmittel als krankheitsfördernd, basenbildende als heilend. Demzufolge wird empfohlen, erstere zu reduzieren und letztere verstärkt in den täglichen Speiseplan zu integrieren:

Säurebildende Nahrungsmittel:

- tierisches Eiweiß, (Schweine-)Fleisch und Wurst
- Fisch(produkte), Muscheln und Krustentiere
- Eier, besonders Eiweiß
- (Erd-, Wal- und Hasel-)Nüsse, Nußaufstriche
- Zitrusfrüchte, Kiwis, unreifes oder saures Obst
- weißes Mehl (in Gebäcken und Nudelspeisen)
- Zucker(haltige Nahrungsmittel), auch Honig, Sirup
- Kaffee, Schwarztee, Kakao, alkoholische Getränke
- süße Limonaden und saure Obstsäfte
- reines Vitamin C, Vitamin-C-Säfte und -Tabletten
- Milch und Milchprodukte, (Mager-)Käse, Quark, Joghurt, Dickmilch, Kefir; (erhitzte) Fette

Basenbildende Nahrungsmittel:

- Gemüse (grüne Blattgemüse), Kartoffeln
- südliches Obst: Honig- und Wassermelone, Papaya, Banane, Feige, Mango, Kürbis, Datteln, Mandeln
- milde Gemüsebrühen, Sojasaucen
- Vollgetreide, frisch gemahlen (Hirse, Buchweizen)
- Mandel-, Schafs-, Ziegen- oder Sojamilch
- Kalzium- und kieselsäurehaltige Mineralwasser
- gekeimte Mungbohnen, Trinkmüsli aus Sojasaat

Was dürfen Sie wann (nicht) essen?

Grundsätzlich sollte die Ernährung auch beim Atopiker ausgewogen, vitamin- und eiweißhaltig sein. Die Haut „lebt" ja nicht nur von den äußeren Pflegemitteln, sondern ebenso von Kohlenhydraten, Fettsäuren, Mineralien und Vitaminen. Auch einseitige Ernährung verursacht trockene, empfindliche Haut. Unter ärztlicher Anleitung beginnt der Patient die Ernährungsumstellung mit einer allergenarmen Basiskost. Darauf aufbauend werden in verschiedenen Phasen weitere Nahrungsmittel (-gruppen) zugegeben und die Reaktionen des Patienten beobachtet, um Auslöser zu finden. Hier ein Beispiel für einen solchen Ernährungsplan (Wersbacher Ernährungsmodell nach Dr. med. Ellen Maushagen-Schnaas):

Die Ernährungsumstellung hilft, die Auslöser von Allergien herauszufinden.

Phase 1: allergenarme Basiskost
bestehend aus Kartoffeln und Reis (gekocht); Dinkel- oder Weizenbrot auf Hefebasis, Sauerrahmbutter. Außerdem sind erlaubt: Salz, Öl, ungehärtete Pflanzenmargarine; Mineralwasser und Kräutertee.

Phase 2: zusätzlich Mehle und Bindemittel
Vollkorn(mehle) als Keimlinge, in Brot oder Vollkornnudeln (milch- und eiweißfrei); Reis- und Hirsemehl, Mais- und Kartoffelstärke.

Phase 3: zusätzlich Gemüse und Kräuter
Frühlings- und Lauchzwiebel, Spargel, Schwarzwurzel, rote Bete; Weiß-, Grün- und Chinakohl, Lattich, Mangold, Wirsing, Kohlrabi, Fenchel und Porree. Blumen- und Rosenkohl, Brokkoli, Rotkohl, Champignons und Austernpilze, Blattsalate, Kürbis, Zucchini, Aubergine, Gurke; Schnittlauch, Petersilie, Kresse; Mais, Rhabarber, grüne Bohnen und Paprika.

Phase 4: zusätzlich Obst(säfte), Trockenobst, Honig
Birne, Mirabelle, Aprikose, Pflaume, Süßkirsche; Banane, Wasser- und Honigmelone, Trauben, ungeschwefeltes Trockenobst; Honig, Birnendicksaft, Fruchtzucker.

Phase 5: Allergenarme Schonkost (entspricht Phase 1–4)
Diese allergenarme Schonkost wird nun für ein paar Tage beibehalten. Hier sind Substanzen wie Histamin, Salizylsäure, tierisch-eiweißhaltige und säurehaltige Lebensmittel weitgehend eliminiert. Auf Dauer eignet sich diese Kostform jedoch nicht, da es zu einer Unterversorgung mit manchen Nährstoffen, Vitaminen und Spurenelementen kommen kann. Deshalb werden in den nächsten Phasen jeweils versuchsweise weitere Nahrungsmittel eingeführt:

Phase 6: alle Nahrungsmittel aus Phase 5, zusätzlich Ei, Eiweiß, Eigelb

Phase 7: alle Nahrungsmittel aus Phase 5, zusätzlich Wurzelgemüse und Hülsenfrüchte
Blatt- und Bleichsellerie, Stauden- und Knollensellerie, Rettich, Meerrettich, Radieschen, Möhren, Erbsen, Bohnen und Linsen.

Phase 8: alle Nahrungsmittel aus Phase 5, zusätzlich Milch und Milchprodukte
Frischkäse, Kochkäse, Kuhmilch, Kondens- und Sauermilch, Buttermilch, Kefir, Joghurt, süße und saure Sahne, Crème fraîche.

Phase 9: alle Nahrungsmittel aus Phase 5, zusätzlich Obst, Tee, Nüsse/Ölfrüchte, Samen, Ahornsirup
Apfel, Nektarine, Pfirsich, Quitte, Mango, Lychees; Beerenfrüchte und Früchtetees, schwarzer Tee (nicht aroma-

tisiert); Sesam, Mohn und Leinsamen; Sonnenblumen-, Kürbis- und Pinienkerne, Kastanie, Pistazien, Mandeln/ Mandelmilch, Soja(produkte), Tofu; Ahornsirup, Sanddorn, Holunder, Dattel und Feige.

Phase 10: alle Nahrungsmittel aus Phase 5, zusätzlich Fleisch:
Rindfleisch, Kalbfleisch und Lammfleisch, Haus- und Wildkaninchen, Wildhase, Fasan, Reh und Hirsch; Gelatine und Aspik.

Phase 11: alle Nahrungsmittel aus Phase 5, zusätzlich Kräuter und Gewürze:
Dill, Borretsch, Kerbel, Liebstöckel, Basilikum, Thymian, Majoran, Oregano, Bohnenkraut, Estragon, Salbei, Minze, Rosmarin, Beifuß; Hefeflocken, Muskat, Fenchel, Nelken, Koriander, Lorbeer(blätter), Zimt, Paprika, Wacholder, Vanille, Kümmel, Senfkörner, Anis, Kapern, Pfeffer.

Phase 12: alle Nahrungsmittel aus Phase 5, zusätzlich Geflügel:
Huhn, Truthahn, Ente, Gans und Pute.

Phase 13: alle Nahrungsmittel aus Phase 5, zusätzlich Weißmehl(produkte):
Kuchen, Brot, Gebäck, Pudding, Brötchen, Grieß, Nudeln; Johannisbrotkernmehl, Guarmehl.

Phase 14: alle Nahrungsmittel aus Phase 5, zusätzlich Fisch:
Forelle, Hecht, Karpfen, Zander, Barsch, Felchen, Lachs, Aal und weitere Süßwasserfische.

Jede einzelne dieser Phasen ist in Abhängigkeit der auftretenden Symptome in ihrer zeitlichen Dauer variabel.

Lebensmittel, die innerhalb einer Testphase ein Ekzem provozieren, werden weiterhin konsequent gemieden.

Ein solches Ernährungskonzept, das mit Hilfe eines Arztes oder Ernährungsberaters individuell erstellt wird, ermöglicht es dem Neurodermitis-Patienten, seinen Speiseplan abwechslungsreich und gesund zu gestalten und gleichzeitig seine persönlichen Auslöser zu finden und dauerhaft zu meiden.

Welche Nahrungsmittel sind bei einer Nickelallergie erlaubt?

Die Nickelallergie (Modeschmuck) ist weit verbreitet, doch viele Patienten vernachlässigen die Nahrung als potentiellen Auslöser für ein Nickelekzem. Es gibt keine allgemeingültige Nickeldiät; mancher Patient verträgt die im folgenden genannten Lebensmittel sehr gut und entwickelt das Ekzem nur nach Hautkontakt. Dennoch können bei nachgewiesener Nickelallergie folgende Nahrungsmittel eine Gefahr sein, da sie einen hohen Gehalt an Nickel aufweisen

- Edamer Käse und Gouda, Molkenpulver
- Muscheln aller Art
- Bückling, Hummer, Hecht und Hering
- Leber (Rind, Schwein, Hammel, Geflügel)
- Vollkornmehle
- Haferflocken, polierter Reis, Mais, Samenkeimlinge
- Süßkirsche, Rhabarber, Birne
- Sojabohnen und -mehl
- Hülsenfrüchte, Wirsing und Brokkoli
- Nüsse aller Art, Kakao, Schokolade und Lakritz
- Vollbier, Apfelsaft
- Konservenkost und Speisen aus Edelstahltöpfen

Des weiteren ist der Genuß der rechts aufgeführten Nahrungsmittel wegen des hohen Gehalts an Nickel vorsichtshalber einzuschränken.

Auch hier ist viel Nickel drin:
Emmentaler
Speisequark
Schafmilch
Ölsardine
Auster
Schweinefleisch
Hagebutte
Pfirsich
Banane
Blumenkohl
Grünkohl
Rot- und Weißkohl
Meerrettich
Sellerie
Kartoffel
Möhre
Spinat
Tomate
Zwiebel
Petersilie
Pilz
Spargel
schwarzer Tee
Kaffee

Was kann ich selbst tun?

Abgesehen von der ärztlichen Behandlung gibt es eine Reihe von Dingen, die Sie als Neurodermitis-Patient im ganz normalen Alltagsablauf tun können, um sich das Leben zu erleichtern. Gewußt wie – und Sie können Ihre Ekzemschübe mildern und neuen Ausbrüchen entgegenwirken.

Im folgenden finden Sie eine Zusammenstellung von Ratschlägen aus der Praxis zu verschiedenen Lebensbereichen wie Hautreinigung und -pflege, Umgang mit erkrankten Kindern, Sport, Schule und Beruf, Haushalt und Wohnraum, Kleidung und vieles mehr.

Wie sieht die richtige Reinigung aus?

Bei der empfindlichen und trockenen Haut des Neurodermitis-Patienten ist eine sanfte Reinigung äußerst wichtig. Der Säuremantel und der Wasser-Lipid-Mantel dürfen beim Waschen nicht noch mehr strapaziert werden, der spärliche körpereigene Talg sollte erhalten bleiben. Das heißt, daß Sie auf keinen Fall austrocknende Zusätze benutzen sollten wie zum Beispiel stark schäumende Duschbäder oder gewöhnliche Seifen.

Waschen Sie die empfindliche Haut nicht zu oft.

Warum keine Seifen?

Dafür gibt es mehrere einleuchtende Gründe: Sie greifen den Säuremantel an und fördern oder verstärken den lästigen Juckreiz, das heißt, daß sie bei schon bestehenden Ekzemen die Haut zusätzlich ungünstig beeinflussen. Bei Anwendung von Seife quillt die Oberhaut auf, wird noch durchlässiger, und es können allergische Reaktionen auf Seifenzusatzstoffe (Parfümöle, Desinfektionsmittel) auftreten.

Wie soll die Haut gereinigt werden?

Kühles Duschen ist besser als heißes Baden.

Meistens reicht klares Wasser aus. Bei Verschmutzung kann man ein synthetisches Waschpräparat, ein sogenanntes Syndet (= synthetisches Detergens) verwenden. Bei Kopfjucken empfiehlt sich ein teerhaltiges Shampoo. Wenn Sie die Haare abends waschen, verflüchtigt sich der Geruch bis zum Morgen.

Je kühler das Wasser ist, um so besser für die Haut: Zu warmes Wasser führt zur Entfettung und fördert Juckreiz und Entzündung. Logischerweise ist kurzes Duschen einem Vollbad vorzuziehen. Tupfen Sie sich nach dem Baden nur leicht ab (nicht kräftig abfrottieren!), und cremen Sie dann die noch feuchte Haut gleich gründlich ein.

Gehen Sie mit Bade- oder Duschzusätzen sparsam um.

Zur Rückfettung der Haut sollten nur spezielle medizinische Ölbäder verwendet werden mit einem möglichst geringen Anteil von Öl-in-Wasser-Emulgatoren. Auf keinen Fall darf der Badezusatz schäumen oder Parfüm enthalten. Die Temperatur sollte circa 36 Grad betragen, die Badezeit 10 Minuten nicht überschreiten. Nach dem Baden duschen Sie sich am besten kurz lauwarm oder kühl ab. Ein spezieller Tip ist das sogenannte Kleopatra-Bad:

Was ist das Kleopatra-Bad?

Sie verquirlen $^1/_4$ Liter Milch mit einem Eßlöffel Olivenöl so lange, bis keine Fettaugen mehr erkennbar sind. Diese Mixtur geben Sie dann ins Badewasser.

Auf was müssen Sie als Atopiker besonders achten?

Reinigen Sie die Haut nur dann, wenn es wirklich nötig ist. Tägliches Duschen „aus Gewohnheit" ist oft schon zuviel des Guten. Hier noch einmal die wichtigsten Tips im Überblick:

- Benutzen Sie keine Schaumbäder, Duschgels oder parfümierte Seifen.
- Statt zu baden, sollten Sie lieber duschen, und das möglichst kühl.
- Tupfen Sie die Haut vorsichtig trocken.
- Achten Sie auf die Beschaffenheit der Hautregionen: Trockene Kniekehlen oder Ellenbogen brauchen eine andere Reinigung als eine fettige Stirnpartie, die eine austrocknende Tinktur verträgt.
- Mit zunehmendem Alter läßt die Talgbildung deutlich nach; richten Sie auch Ihre Waschgewohnheiten danach.

Worauf müssen Sie bei erkrankten Kindern achten?

Das größte Problem für die Kinder ist die drohende soziale Isolation: Lehrer, Mitschüler oder Kindergartenfreunde und viele andere Menschen aus der Umgebung des Kindes halten die sichtbaren Hauterscheinungen oftmals fälschlicherweise für ansteckend und ziehen sich entsprechend zurück. Lehrer schimpfen, wenn die Kinder dem Unterricht nicht mehr konzentriert folgen können, weil sie die ganze Nacht unter Juckreizattacken gelitten haben; Mitschüler spotten über die Ekzeme, und ihre Eltern untersagen den Kontakt mit dem kranken Kind.

Kinder leiden sehr unter sichbaren Ekzemen.

All das kann man versuchen zu vermeiden: durch ausführliche Informationen. Nehmen Sie Ihrem Kind zuliebe Kontakt mit den Lehrern oder Erzieherinnen und Eltern der Freunde und Mitschüler auf, und sprechen Sie die Situation Ihres Kindes offen an. Je selbstverständlicher das Kind in seiner sozialen Umgebung akzeptiert wird, um so einfacher kann es sich und seine Erkrankung akzeptieren.

Was ist wichtig in der Familie?

Die ganze Familie ist betroffen, wenn ein Kind unter Neurodermitis leidet. Schwierig wird es besonders, wenn noch Geschwister da sind, weil das neurodermitiskranke Kind ja besonders viel Zuwendung braucht. Hier hilft wieder viel gegenseitiges Verständnis, aber auch ganz bewußte Zuwendung der Eltern an die gesunden Geschwister.

Häufig gewöhnen sich Kinder, vor allem Säuglinge und Kleinkinder, daran, ihre Krankheit und die dazugehörigen Symptome für sich auszunützen: Sie setzen die Kratzattacken zum Teil ganz gezielt ein, um die Aufmerksamkeit ihrer Umgebung auf sich zu ziehen. Kratzen und Weinen werden als Mittel zum Zweck eingesetzt: Die Mutter kommt sofort, nimmt das Kind auf den Arm, tröstet, streichelt, lenkt es ab.

Lassen Sie sich durch das Kratzen Ihres Kindes nicht „erpressen"!

Damit entsteht ein Reflex (eine unangenehme Situation führt spontan zu Juckreiz), der sich unter Umständen über die Jahre hinweg verselbständigt, auch wenn er später vielleicht nicht mehr den gewünschten Erfolg bringen sollte (die provozierte Zuwendung lenkt von der Situation ab).

Wenn Sie den Eindruck haben, Sie und Ihr Kind stekken in einem solchen Mechanismus fest, dann lassen Sie sich beraten.

Der Arzt Ihres Kindes wird Sie darin unterstützen, solche Reaktionen zu relativieren, und wenn Sie konsequent bleiben, wird Ihr Kind sich sehr schnell wirklich nur noch dann kratzen, wenn echter Juckreiz auftritt.

Worauf müssen Eltern achten?

Ein weiterer kritischer Punkt ist die pflegende Fürsorge der Mutter: Sie kümmert sich meist (zeit)intensiv um die Belange des kranken Kindes; der (berufstätige) Vater dagegen kann sich so verhalten wie gegenüber einem gesunden Kind.

Als Mutter sind Sie keine „Pflegemaschine"; gehen Sie die Behandlung nicht zu streng an.

Natürlich ist die Mutter rein zeitlich und psychisch stärker von der Krankheit des Kindes betroffen. Um so mehr muß sie darauf sehen, daß sie nicht nur ihre Pflicht erfüllt, sondern auch noch Freiraum behält, um sich mit dem Kind auch noch anders zu befassen als nur mit Körperpflege. Es ist wichtig, dem Kind oft zu zeigen, daß die Hauterscheinungen es nicht weniger liebenswert machen, daß die Eltern (beide!) gerne mit ihm spielen und schmusen und der Alltag nicht nur aus lauter Eincremen und Behandeln besteht. Wichtig ist es aber auch, die gesunden Geschwisterkinder nicht zu vernachlässigen – hier können sonst Spannungen innerhalb der Familie entstehen.

Welche Fehler machen Eltern?

Wie eben bereits angedeutet liegt eines der Hauptrisiken für elterliches Fehlverhalten darin, daß die Pflegemaßnahmen für die erkrankte Haut im Vordergrund stehen – dabei sollte aber auch die Seele des Kindes auf gar keinen Fall zu kurz kommen! Ihr Kind kann nichts für seine kranke Haut, und das müssen Sie ihm immer wieder vermitteln.

Haben Sie als Eltern Schuldgefühle?

Niemand ist schuld an Neurodermitis.

Sie sind nicht schuld an der Hauterkrankung Ihres Kindes, selbst wenn es die Atopiebereitschaft von Ihnen geerbt hat. Die auslösenden Faktoren treten in Ihrem gemeinsamen Familienumfeld auf, nur ist eben Ihr Kind jetzt das schwächste Glied der Kette, bei dem auch die Symptome ausbrechen. Quälende Schuldkomplexe sind hier fehl am Platz; sie würden nur die ohnehin nicht einfache Situation zusätzlich erschweren.

Hier kann unter Umständen ein Gespräch mit einem Arzt oder sogar Psychologen helfen, die seelisch-psychischen Hintergründe aufzuarbeiten, die einerseits den Ausbruch der Krankheit beim Kind gefördert haben mögen, andererseits den Schuldgefühlen der Eltern zugrunde liegen.

Wird Ihr Kind zu sehr behütet?

Ein weiteres auffälliges Symptom bei „Neurodermitis-Müttern" ist ihre oftmals übertriebene Sorge um das Kind. Sie behüten und bevormunden es zu sehr und lassen es nur mit Mühe selbständig werden und eigene Entscheidungen treffen. Das Kind seinerseits hängt oftmals länger als gewöhnlich bei der Mutter „am Schürzenzipfel"; es läßt sich umsorgen und verwöhnen und tut sich recht schwer mit der Ablösung von den Eltern; es klammert sich an die behütete Situation.

Um so schwerer kann es dann natürlich in der sozialen Umgebung außer Haus zurechtkommen, denn da ist ja niemand mehr, der es solcherart in Schutz nimmt. Deshalb übertreiben Sie Ihre Fürsorge nicht, trauen Sie Ihrem Kind etwas zu, ohne es dabei gleich zu überfordern, und seien Sie gleichzeitig großzügig mit Körperkontakt und Streicheleinheiten!

Lassen Sie Ihr Kind groß und selbständig werden, auch wenn es Neurodermitis hat!

Was ist darüber hinaus noch wichtig?

Überprüfen Sie einmal genauer, welches Verhalten Sie gegenüber Ihrem kranken Kind an den Tag legen. Folgende Punkte sollten Sie dabei beachten:

- Schimpfen Sie nicht mit dem Kind, wenn es kratzt, aber loben Sie es, wenn es ruhig bleibt. Versuchen Sie auch, die Kratzattacken insgesamt nicht mehr so wichtig zu nehmen.
- Beobachten Sie Ihr Kind und seinen Hautzustand: Gibt es Reaktionen, die immer wiederkehren? Könnten ganz bestimmte Substanzen oder Situationen daran schuld sein? Versuchen Sie, die möglichen Auslöser aufzuspüren, damit Ihr Kind sie in Zukunft meiden kann.
- Akzeptieren Sie auch, wenn Ihr Kind eine Abneigung gegen bestimmte Salben oder Pflegemittel hat. Die wirksamsten Produkte sind die, die der Patient am meisten akzeptiert – und umgekehrt.
- Sie sind wirklich nicht schuld am Ekzemleiden Ihres Kindes, und Sie brauchen sich auch nicht dafür zu schämen. Je natürlicher Sie sich verhalten, um so besser kommt auch Ihr Kind mit seiner Erkrankung klar.
- Bemühen Sie sich um ein ausgewogenes Verhältnis zwischen Fürsorge und „Loslassen": Ihr Kind braucht Pflege, aber es braucht auch die Einsicht, daß es noch andere wichtige Dinge gibt als seine Krankheit und seine Bedürfnisse. Wenn sich alles nur um das Kind dreht, tun Sie niemandem einen Gefallen.

Was tun bei Problemen in Schule und beim Sport?

Heute sind bereits über 10 % aller Schüler von einer Atopie betroffen. Um so bedauerlicher, daß viele Lehrer und Erzieher(innen) nicht genügend Hintergrundwissen über diese Problematik haben, um sachlich und konstruktiv damit umzugehen. Grundsätzlich sind Kinder mit Neurodermitis, Asthma oder Heuschnupfen genauso intelligent und lernbegierig wie ihre gesunden Mitschüler.

Welche Probleme haben Schulkinder?

Viele Kinder leiden in Zeiten mit akutem Ekzembefall stark unter nächtlichem Juckreiz. Die Folgen sind zuwenig Schlaf, Nervosität und schlechte Konzentration. Wenn die Lehrer dafür kein Verständnis zeigen und dann auch noch Tadel oder Leistungsdruck hinzukommt, wird die psychische Belastung der Kinder steigen. Sie müssen sich schon gegen Vorurteile und Hänseleien ihrer Mitschüler wehren; zusätzlicher Druck „von oben“ kann dazu führen, daß sich Juckreiz und Ekzem noch weiter verschlimmern.

Hier hilft nur eines: Sprechen Sie als Eltern mit den Lehrern Ihres Kindes; schildern Sie die Problematik, und wecken Sie Verständnis und Hilfsbereitschaft. So können auch die Betreuer und Miterzieher den Alltag für die Kinder erträglicher gestalten.

Welche Schwierigkeiten gibt es beim Schulsport?

Neurodermitis-Kinder brauchen viel Verständnis.

Starkes Schwitzen beim Sport kann einen Ekzemausbruch fördern oder ein bestehendes Ekzem verschlimmern. Andererseits wird das ekzemkranke Kind, wenn es am Sportunterricht überhaupt nicht mehr teilnimmt, von der restlichen Klasse isoliert. Deshalb ist die Teilnahme am Sportunterricht im großen und ganzen eher zu unterstützen.

Ein anderer Fall ist das Schwimmen: Im gechlorten oder mit anderen Chemikalien versetzten Wasser sowie durch das Duschen vor und nach dem Schwimmen wird die Haut extrem gereizt und entfettet, der Juckreiz verstärkt sich. Vorhandene Ekzeme können vereitern, die Ausbreitung von Dellwarzen kann sich beschleunigen. Auch die Gefahr einer Ansteckung der Mitschüler ist in Gemeinschaftsbädern manchmal nicht auszuschließen. Kinder mit eitrigen Ekzemen wird der Arzt von der Teilnahme am Schwimmunterricht befreien.

Nur selten wird ein Kind wegen seiner Ekzeme vom Sportunterricht befreit.

Ideal wäre es, die Kinder könnten sich bereits vor dem Schwimmen eincremen, aber das wird vom Bademeister nur selten erlaubt.

Vielen Neurodermitis-Kindern fällt es auch schwer, sich in Gegenwart ihrer Mitschüler umzuziehen. Sie fühlen sich wegen ihrer Ekzeme minderwertig und sind den Sticheleien der anderen nicht gewachsen. Auch hier können Eltern und Lehrer die Toleranz der Kinder untereinander fördern und so den kleinen Patienten die Teilnahme am Sport wieder zu einem Vergnügen machen.

Welche Sportarten sind am besten geeignet?

Am besten eignen sich Sportarten, die kein starkes Schwitzen provozieren. Tennis, Squash und Laufsportarten sind zum Beispiel ungünstig; weichen Sie lieber aus auf Surfen oder Segeln. Beachten Sie dabei unbedingt den nötigen Lichtschutz! Schwimmen sollten Sie nur, wenn Sie es gut vertragen oder in Schwimmbädern mit solehaltigem Wasser.

Abgesehen davon ist es für Ihren Allgemeinzustand wesentlich besser, Sie üben mit Begeisterung eine Sportart aus, die Ihnen liegt, auch wenn sie unter medizinischen Gesichtspunkten ungeeignet ist, als daß Sie sich zu einer Freizeitbeschäftigung zwingen, die Ihnen keinen Spaß macht.

Beobachten Sie einfach, wie Ihre Haut auf Ihren Lieblingssport reagiert.

Welcher Beruf ist nicht geeignet?

Grundsätzlich sollte man davon ausgehen, daß auch Atopiker jeden beliebigen Beruf ausüben können. Sicher ist es ideal, sie arbeiten im Traumberuf und gerne, und die gesundheitlichen Strapazen halten sich in erträglichen Grenzen. Wer ungeliebte Tätigkeit ausführen muß, kann psychisch derart darunter leiden, daß er ständig Ekzeme bekommt.

Bei der Berufswahl gibt es für einen Atopiker gewisse Einschränkungen.

Davon abgesehen gibt es natürlich eine Reihe von Tätigkeiten, die für einen Patienten mit ausgeprägter Atopie ungünstig sind. Sind die Ekzeme deutlich sichtbar, so ist abzuraten von Berufen beispielsweise in Apotheken oder in der Lebensmittelindustrie sowie von Berufen, die viel mit Publikumsverkehr zu tun haben. Meiden Sie Tätigkeiten, die mit Kontakt zu Tieren, Wolle, Getreide oder Pollen, Pflanzen, Nässe und Hitze verbunden sind.

Welche Berufe sind für Atopiker ungeeignet?

Bäcker
Betonwerker
Fliesenleger
Florist/Floristin
Friseur/Friseurin
Gummifacharbeiter
Hochofenarbeiter
holzverarbeitende Berufe
Imker
Kellner
Koch/Köchin
Konditor
Kürschner
Landwirt
Maler
Maurer
medizinische Berufe
metallverarbeitende Berufe
Müller
Pelznäherin
Raumpflegerin
Reinigungskraft
Schleifer
Schlosser
Schneider
Schreiner
Steinmetz
Textilarbeiter/Textilverkäuferin
Tierarzt/Tierpfleger/Tierzüchter/Zootechniker

Was ist weiter zu beachten?

Die Neigung zu Ekzemen (sowohl in der Häufigkeit als auch in der Schwere) klingt manchmal nach der Pubertät deutlich ab. Das darf aber nicht darüber hinwegtäuschen, daß die Haut weiterhin empfindlich bleibt und die Reaktionsbereitschaft auch weiterhin vorhanden ist. Deshalb ist es wichtig, sich bei der Berufswahl sorgfältig zu überlegen, ob der angestrebte Beruf den Patienten besonders belasten wird. Kritisch wird es unter Umständen in folgenden Fällen:

- Die Haut ist häufig oder gar regelmäßig starker Verschmutzung ausgesetzt.
- Sie haben dauernden Kontakt mit hautreizenden Substanzen, Schadstoffen oder Allergenen.
- Die Klimaverhältnisse am Arbeitsplatz sind ungünstig (große Hitze, Staub).
- Sie sind körperlichen und/oder psychischen Belastungen ausgesetzt.
- Sie haben zuwenig Entspannungs- und Erholungsmöglichkeiten während der Arbeit.

Was können Sie tun?

Als Atopiker sollten Sie mit Ihrem Arzt über Ihren Berufswunsch sprechen.

Es ist auf jeden Fall besser, einen ungeeigneten Beruf gar nicht erst zu erlernen, als nach Jahren dann umschulen und von vorne beginnen zu müssen.

Deshalb ist es für jugendliche Neurodermitis-Patienten empfehlenswert, sich bei der Berufswahl auch von ihrem Arzt beraten zu lassen.

Er kennt den Patienten und seine Krankheitsvorgeschichte, er kann den aktuellen Hautzustand einschätzen, und er weiß um die Auswirkungen, die ein ungeeigneter Beruf mit sich bringt. Meist ist es besser, seinem fundierten Ratschlag zu folgen und den Traumberuf nicht zu ergreifen, als Jahre später dann einen Karriereknick zu erleiden.

Was ist wichtig für die Hausfrau?

Wer als Nur-Hausfrau, womöglich noch mit kleinen Kindern, einen Mehr-Personen-Haushalt versorgt, hat zwangsläufig dauernd mit Wasser, Wasch- und Putzmitteln zu tun. Die Haut an den Händen und Unterarmen, die schon vorher trocken und spröde war, wird noch mehr ausgetrocknet und entzündet sich rasch. Für den großen Hausputz werden zwar die Handschuhe angezogen, und der große Abwasch kommt in die Spülmaschine, aber der einzelne Teller zwischendurch wird eben mal so von Hand abgewaschen, oder man benutzt mal eben einen Fleckentferner. Diesen dauernden Attacken hält die Haut nicht lange stand: Es entsteht ein Hausfrauenekzem.

Nehmen Sie sich genügend Zeit für Ihre Hände.

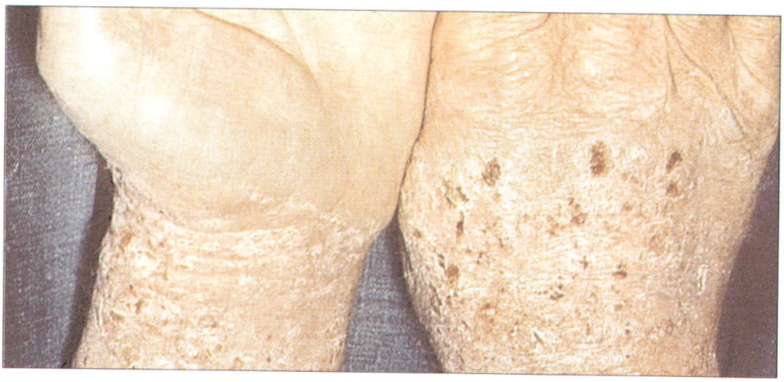

Häufiger Kontakt mit Wasser, Wasch- und Putzmitteln kann das sogenannte Hausfrauenekzem verursachen.

Was versteht man unter einem Hausfrauenekzem?

Das sogenannte Hausfrauenekzem ist nicht eigentlich ein atopisches Ekzem, sondern es zählt zu den toxisch-degenerativen Hautschädigungen, die auch einem gesunden Menschen leicht widerfahren können. Nur ist eben die extrem empfindliche und in ihrer Schutzfunktion beeinträchtigte Haut eines Atopikers noch viel anfälliger für die Stoffe, die solche Reaktionen der Haut dann auslösen.

Wo liegen die Gefahren?

Wenn Sie einen Haushalt führen, gibt es eine Reihe von Arbeiten, die gemacht werden müssen, da führt kein Weg daran vorbei. Die einzige Möglichkeit, die Sie dann haben, um akute Hauterscheinungen zu vermeiden, ist Vorbeugung und konsequente Pflege.

Die Hausfrau kann eben auch nicht einfach eine Woche Pause einlegen, und selbst im Urlaub ist es meistens sie, die all die gewohnten Handgriffe erledigt. Besser geht es da manch einer teilzeitbeschäftigten Mutter, die sich die Hausarbeiten doch eher mit dem Mann oder größeren Kindern teilen kann und in diesem Fall eben die nassen Arbeiten möglichst den anderen überlassen sollte. Das kann schon viel ausmachen.

Da Hausfrau kein anerkannter Beruf ist, wird auch das Hausfrauenekzem nicht als Berufskrankheit akzeptiert, und die Hausfrau kann bei „Berufsunfähigkeit" nicht einfach umschulen.

Was können Sie dann tun?

Seien Sie konsequent, es geht schließlich um Ihre Haut!

Hier gibt es eine ganze Reihe von bewährten Tips:

- Vermeiden Sie, wann immer möglich, direkten Hautkontakt mit schädigenden Substanzen (Spülmittel, WC-Reiniger, Wasch- und Scheuerpulver und ähnlichem).
- Ziehen Sie Handschuhe an (Baumwollhandschuhe unter den Gummihandschuhen!), wann immer Sie etwas putzen oder reinigen müssen.
- Die Handschuhe sollten ausreichend lang sein, damit das Wasser nicht von oben hineinläuft.
- Achten Sie auch darauf, daß Sie nicht zuviel an Putz- und Reinigungsmitteln benutzen, das kommt außer Ihrer Haut auch der Umwelt zugute.
- Pflegen Sie Ihre Hände auch in der nicht akuten Phase konsequent mit einem rückfettenden Präparat.

Welche Kleidung tragen Atopiker?

Gerade bei Neurodermitis-Patienten ist die „zweite Haut", die Kleidung, besonders wichtig. Ihre Beschaffenheit und Zweckmäßigkeit muß unter verschiedenen Gesichtspunkten betrachtet werden.

Auch für Atopiker ideal: der „Zwiebel-Look".

Grundsätzlich ist leichte, luftige Bekleidung von Vorteil. Ziehen Sie auch im Winter lieber mehrere „Schichten" dünner Kleidung übereinander als nur einen dicken Wollpullover. Sie können den Wärmeschutz flexibler anpassen (das heißt die oberste Schicht ausziehen), wenn Sie zum Beispiel in einen überheizten Raum kommen und anfangen zu schwitzen.

Denken Sie auch daran, daß sich Ihre Kleidungsstücke gut waschen lassen: Unter Umständen entstehen Flecken durch Salben oder Sekrete aus offenen oder entzündeten Ekzemen.

Welche Materialien sind geeignet?

Synthetische Fasern können einen Hitzestau verursachen und bieten so den Bakterien ein ideales Klima, zu wachsen und sich zu vermehren. Deshalb sind sie für die empfindliche Haut von Neurodermitispatienten denkbar ungeeignet.

Zu empfehlen sind Naturfasern: Baumwolle, Seide, Leinen oder Halbleinen (Leinen mit Baumwolle gemischt). Auch Viskose wird in den meisten Fällen gut vertragen, obwohl es bei der Herstellung chemisch behandelt wird. Deshalb sollte man neue Kleidungsstücke vor dem Tragen waschen.

Wenn Sie einen Stoff auf der Haut nicht vertragen, kann es auch an Resten von Weichspüler oder Waschmittel liegen, oder an den Farbstoffen in bunter Kleidung. Insbesondere dunkle Farben werden manchmal nicht vertragen. Ziehen Sie dann ungefärbte Kleidung möglichst vor.

Auf was müssen Sie in puncto Kleidung besonders achten?

Finden Sie durch genaue Beobachtung selbst heraus, was Ihnen bekommt und was nicht, und lassen Sie sich von unseren Ratschlägen ein wenig anleiten:

- Grobe und gewebte Stoffe sollten Sie meiden, sie können scheuern und die empfindliche Haut dadurch stark reizen.
- Ebenso ist grundsätzlich von Kleidung aus Schafwolle, Pelzmänteln und -kragen sowie Angorapullovern abzuraten.
- Wenn Sie unbedingt Wollkleidung tragen wollen, ziehen Sie wenigstens etwas aus Baumwolle oder Popelin darunter an.
- Handschuhe aus Wolle, Leder oder Gummi (beim Putzen) werden meist nicht gut vertragen: Sie provozieren Schwitzen, Juckreiz oder Wärmestau. Tragen Sie lieber Handschuhe aus Baumwolle oder nicht reizenden Materialien.
- Gore-Tex ist ein synthetisch hergestelltes Material, das luftdurchlässig und sehr gut hautverträglich ist, allerdings in der Anschaffung nicht ganz billig.
- Verwenden Sie kochfeste Wäsche aus angenehmen Materialien, und wechseln Sie sie häufig.
- Wählen Sie auch Ihre Bettwäsche nach hautfreundlichen Kriterien aus.
- Ziehen Sie niemals ein neues Kleidungsstück an, ohne es wenigstens einmal kurz durchgespült zu haben.
- Waschen Sie Ihre Kleidungsstücke öfters, und drehen Sie sie dazu auf links: So werden alle Fett-, Schuppen-, Salben- und Staubreste gründlich entfernt.
- Verwenden Sie das Waschpulver sparsam und nehmen Sie statt Weichspüler einen Schuß Essig ins letzte Spülwasser (ein bis zwei Eßlöffel auf einen Liter Wasser). Spülen Sie die Wäsche gut aus.

Wie läßt sich Streß vermeiden?

Was als Streßfaktor gewertet wird, definiert sich bei jedem Menschen individuell unterschiedlich. Häufig sind es Trennungssituationen, Partnerschaftsprobleme, Krankheit oder Tod von Angehörigen, Leistungsdruck oder Konkurrenzdenken am Arbeitsplatz, die als belastende Situationen empfunden werden.

Wie wirkt sich Streß aus?

Eine Streßsituation kann schnell ein Ekzem auslösen oder verschlimmern.

Die vermehrte innere Anspannung provoziert stärkeren Juckreiz, häufigeres Kratzen und dadurch eben eine deutliche Verschlechterung der Hauterscheinungen. Jede Verschiebung in der harmonischen Grundstruktur des gewohnten Tagesablaufs kann somit für einen Neurodermitiker krankheitsauslösend sein.

Oftmals beeinflussen solche inneren Vorgänge den Verlauf einer Ekzemphase, ohne daß sich der Patient über die psychischen Hintergründe im klaren ist. Andererseits haben positive Erlebnisse auch positiven Einfluß auf den Gesundheitszustand und das innere Befinden des Patienten. Dennoch kann man nicht sagen, daß Neurodermitis eine rein psychische Krankheit ist, wenn auch psychische Einflüsse als ein Faktor unter vielen einen wichtigen Teil des persönlichen Atopiemosaiks ausmachen.

Was tun gegen Streß?

Wenn Sie ein stabiles seelisches Gleichgewicht aufbauen, dann kann Sie vieles nicht mehr so leicht stressen. Dazu gibt es verschiedene Möglichkeiten:

1. Psychotherapeutische Beratung: Hier wird mit unterschiedlichen Verfahren wie Verhaltenstherapie oder Hypnose versucht, unbewußte Abläufe faßbar zu machen und deren negative Auswirkungen auf das aktuelle Krankheitsgeschehen einzudämmen.

Vorbeugen ist wichtig.

2. Entspannungsmethoden: zum Beispiel progressive Muskelentspannung, Yoga oder autogenes Training; diese Methoden helfen dem Patienten, sich gezielt zu entspannen und so immer wieder auch die akuten Kratzattacken in den Griff zu bekommen.

Was tun vor dem Streß?

Noch besser ist es natürlich, Sie bringen es fertig, erst gar keinen Streß aufkommen zu lassen. Befassen Sie sich einmal mit folgenden Gedanken:

- Sie sind als Persönlichkeit einmalig, vertrauen Sie auf sich selbst!
- Denken Sie positiv! Jede Angelegenheit hat zwei Seiten – und davon ist doch zumindest eine für Sie akzeptabel.
- Sind Sie zu streng mit sich selbst? Sie brauchen nicht besser zu sein als andere, lassen Sie es ab und zu ein wenig lockerer angehen.
- Trauen Sie sich etwas zu! Haben Sie keine Angst vor neuen Aufgaben – Sie können nur dabei lernen.
- Lassen Sie andere Meinungen gelten, oder ärgern Sie sich darüber? Versuchen Sie, einen anderen Standpunkt nicht als persönliche Kritik aufzufassen!
- Sind Sie gerne unter Menschen? Isolieren Sie sich nicht; bei der heutigen Verbreitung von Neurodermitis ist möglicherweise Ihr Arbeitskollege oder Ihre Nachbarin auch davon betroffen.
- Tun Sie täglich etwas ganz alleine für sich – Sie sind es wert!

Streßabbau durch Meditation

Meditation heißt geistige Versenkung: sich durch höchste Konzentration in einen Zustand zu versetzen, der es dem Menschen erlaubt, ganz zu sich selbst zu finden, sich sozusagen in seinem eigenen Mittelpunkt wiederzufinden und die Welt um sich herum völlig auszublenden.

Eine Technik fernöstlicher Kulturen

Meditation heilt nicht Neurodermitis, kann aber helfen, die Last des Leidens besser zu ertragen und mit ausgeglichener Psyche schließlich mögliche Auslösefaktoren zu beseitigen.

Die Technik der Meditation ist nicht neu. Die Philosophien und Religionen des Fernen Ostens kennen und praktizieren sie seit Urzeiten. Das Prinzip der Meditationstechnik basiert darauf, sich mit allen Sinnen auf einen einzigen Punkt zu konzentrieren und so den Körper „auf den Punkt" zu zwingen.

Sie können dies leicht selbst einmal ausprobieren: Ziehen Sie sich in einen ruhigen Raum zurück, der abgedunkelt sein sollte. Sie sind allein. Türen und Fenster sind geschlossen. Zünden Sie eine Kerze an, stellen Sie diese auf den Tisch. Setzen Sie sich dann ganz bequem an den Tisch, leicht zurückgelehnt, die Arme entspannt auf den Oberschenkeln ruhend. Atmen Sie gleichmäßig und ruhig. Und jetzt richten Sie Ihren Blick auf die Flamme der Kerze. Es könnte auch ein Lichtreflex sein, der sich in einer Metallvase spiegelt oder ein schönes, ruhiges Bild, eben ein Gegenstand, der in seiner Struktur sehr einfach ist, auf den Sie aber Ihre ganze Aufmerksamkeit bündeln, den Sie sozusagen mit Ihrem Blick durchbohren könnten oder aufzusaugen imstande wären.

Sie werden merken, wie alles andere – die Einzelheiten des Raums, die Geräusche um Sie herum, mögliche Gerüche – langsam verwischt, verschwindet, zu existieren aufhört. Nur die Flamme ist das. Bald wird Sie ein eigenartiges Körpergefühl beschleichen. Sie können dies ganz unterschiedlich empfinden: als sehr wohltuend, als fremd, als ein Kribbeln in den Gliedern, als Wärme. Sie vergessen, daß Sie atmen. Sie vergessen, daß Sie sich vorgenommen haben, dieses Experiment zu versuchen. Nur die Flamme ist gegenwärtig. Sie hören auf, sich zu erinnern. Ihre Gedanken, die sonst unaufhörlich um einzelne Punkte kreisen, verflüchtigen sich. Nur diese gegenwärtige Situation existiert. Und Sie leben nur in diesem Augenblick. Ihr Körper wird immer ruhiger, entspannter. Der Atem fließt gleichmäßiger. Es mag sein, daß Sie nur noch wenig von Ihrem Körper wahrnehmen. Sie hören auf zu spüren, daß Sie Füße und Hände haben. Ihr Bewußtsein nimmt nur noch die Kerze wahr. Die Dimension der Zeit hat in diesem Augenblick jede Bedeutung für Sie verloren. Sie scheinen außerhalb jeglichen Zeitempfindens zu leben.

Die Technik der Meditation sollte man sich nur unter Anleitung eines erfahrenen Lehrers aneignen, da Fehler leicht zur gegenteiligen Wirkung führen können.

Ihre Sinneseindrücke können ganz verschieden ausfallen. Die Umwelt kann sich verändern. Oder Sie können Farben sehen, Töne hören, ja sogar rauschhafte Zustände erleben.

Wie kommt es zu solchen meditativen Situationen?

Indem man ganz bewußt sein Blickfeld auf einen winzigen Punkt beschränkt, sich extrem konzentriert, das Bewußtsein sozusagen in einen engen Tunnel steckt und alle anderen Sinnesreize, die ständig auf den Körper einströmen, ausschaltet, provoziert man im Stoffwechsel des Körpers, besonders im Gehirn, bestimmte chemische Veränderungen, die sich auf lange Sicht lösend und positiv auf den ganzen Organismus auswirken.

Stoffwechselveränderungen vollziehen sich im Körper auch bei der Einwirkung von negativem Streß. Nur diese Reize haben eine nachteilige Wirkung, können die Abwehrkraft des Körpers schädigen und Krankheiten Tür und Tor öffnen.

Auf Phantasiereise zur Entspannung

Die positive Wirkung des autogenen Trainings ist unbestritten. Sie beruht darauf, daß man mit Hilfe bestimmter Konzentrationsübungen versucht, das eigene Nervensystem zu beeinflussen. Das autogene Training muß man jedoch unbedingt unter Anleitung eines erfahrenen Therapeuten erlernen und – vor allem – über einen längeren Zeitraum hinweg Schritt für Schritt einüben. Im Schnellverfahren läßt sich diese Fertigkeit nicht aneignen.

Noch eleganter gehen Sie auf Ihre Phantasiereisen, wenn Sie sich im Buchhandel Tonträger (MCs oder CDs) kaufen, mit deren meditativer Musik und Texte die Suggestion schöner Vorstellungen noch einfacher zu verwirklichen ist.

Mit der Technik der Phantasiereise können Sie aber sofort einen Versuch starten, Ihr vegetatives Nervensystem positiv zu beeinflussen und Ihrem Körper und Geist zu mehr Ruhe und Harmonie zu verhelfen. Wenn Ihnen dies gelingt – und daran sollten Sie nicht zweifeln –, haben Sie auch gute Chancen, mit Ihrer Neurodermitis besser zurechtzukommen.

Positive Wunschbilder – beispielsweise die Vorstellung, an einem Traumstrand zu liegen und in den Himmel zu starren oder wie ein Adler machtvoll über eine weite Seenlandschaft hinzuschweben – haben eine unheimlich lösende, beruhigende Wirkung auf den ganzen Organismus.

Legen Sie sich auf das Bett oder den Boden, völlig entspannt. Schließen Sie die Augen. Fühlen Sie bewußt ihren Körper. Konzentrieren Sie sich einzeln auf Ihre Schultern, den Nacken, die Hände, die Füße. Und jetzt stellen Sie sich Ihre Traumreise vor. Eine weite Landschaft, die in Sonne badet. Malen Sie sich die Szene in aller Deutlichkeit aus. Wie angenehm der warme Sand auf Ihren Körper wirkt. Wie beruhigend das Meeresrauschen in Ihr Ohr dringt. Wie wohl Sie sich fühlen. Wie die Sonnenwärme Ihren Körper durchzieht. Wie die kühle Brise Ihre Haut kühlt.

Sie werden bald merken, wie Ihnen ein solcher Ausflug in die Phantasie wohl tut.

Was ist die progressive Muskelrelaxation nach Jacobson?

Es gibt Menschen, die sich gegen Entspannungstechniken sträuben, die durch Vorstellungen und Gedanken erzeugt werden. Mancher denkt dabei an Hypnose und ähnliche Methoden und lehnt solche Verfahren für sich deshalb ab. Dies muß man akzeptieren.

Auch die progressive Muskelrelaxation sollte man nur bei einem ausgewiesenen Therapeuten erlernen. Solche Verfahren gehören nicht in die Hand von Laien.

Die Technik der progressiven Muskelrelaxation beruht, wie der Name schon andeutet, auf der abwechselnden bewußten Anspannung bestimmter Muskelgruppen und der darauffolgenden Entspannung derselben Muskelgruppen.

Ein Beispiel, das Sie jetzt gleich ausprobieren können: Ballen Sie eine Hand zur Faust. Spüren Sie die Spannung ganz bewußt, und halten Sie diesen Eindruck ein paar Augenblicke fest. Dann lösen Sie die Spannung, und ein ganz anderes, ungewohntes, irgendwie frisches Gefühl scheint in Ihre Hand zurückzufließen. Oder pressen Sie Ihr Gesäß zusammen, bis die Spannung den Rücken hoch und in die Beine hinabfließt. Dann entspannen Sie sich und genießen dieses Gefühl ebenso.

Zwar läßt sich der gesamte Organismus damit nicht dergestalt intensiv beeinflussen wie beispielsweise beim autogenen Training oder der Meditation, aber trotzdem verringert sich beim Üben rasch die Herzfrequenz, der Atem beruhigt sich, der Körper wird besser durchblutet.

Man liegt oder sitzt in bequemer Haltung. Schrittweise nimmt man sich einzelne Muskelpartien vor und versucht, diese kräftig anzuspannen. Und sofort löst man die Anspannung. Die Muskelgruppen werden in dieser Reihenfolge bearbeitet: Zuerst die Hände, die Arme. Gesicht, Nacken und Schultern, dann abwärts zu Brust, Rücken, Bauch, dem Gesäß, zu den Beinen und am Schluß zu den Füßen.

Ablehnung von Entspannungsverfahren, die mit der Hypnose verwandt sind.

Welche Wohnraum-Veränderungen sind sinnvoll?

Für Atopiker ist es zunächst einmal wichtig, daß die Räume, in denen sie sich aufhalten, nicht zu warm beheizt sind. Schwitzen provoziert neuen Juckreiz, und genau das tritt eben häufig gerade nachts auf, wenn der Patient sich im Schlaf erholen will. Deshalb sollten Sie in einem kühlen oder zumindest gut gelüfteten Raum schlafen.

Wenn Sie diese Ratschläge befolgen, können Sie viel für Ihr Wohlbefinden tun.

Der Luftfeuchtigkeitsgehalt sollte in Wohnräumen zwischen 20 und 65 % betragen; auch hier sind gutes Lüften und ausreichend frische Luft eine wichtige Voraussetzung dafür, daß sich der Atopiker „in seiner Haut wohl fühlt".

Es versteht sich hoffentlich von selbst, daß in den Räumen, in denen sich Neurodermitis- oder Heuschnupfenpatienten und Asthmatiker aufhalten, nicht geraucht werden sollte. Ferner sollten Sie keine Blumen oder gar blühenden Zweige aufstellen, wenn Sie eine Pollenallergie haben. Halten Sie tagsüber die Schlafzimmerfenster geschlossen, und duschen Sie abends.

Was ist eine Hausstauballergie?

Grundsätzlich könnten so ziemlich alle Stoffe, die sich in der Atemluft befinden, allergische Reaktionen an den Schleimhäuten provozieren. Wenn nun bei einem Patienten Heuschnupfen- oder Asthmasymptome das ganze Jahr über auftreten, also auch zu Zeiten, wo gar keine Pollen fliegen, dann müssen andere Stoffe als Auslöser gewirkt haben. In den meisten Fällen ist das der Hausstaub.

Hier geht es aber genaugenommen nicht um den Hausstaub als solchen; die kritischen Substanzen sind vielmehr die darin enthaltenen Stoffwechselprodukte der Hausstaubmilben.

Bei diesen Milben handelt es sich um Spinnentiere, die nur unter dem Mikroskop sichtbar sind und sich, da sie von Hautschuppen leben, mit Vorliebe in der Nähe von Menschen aufhalten.

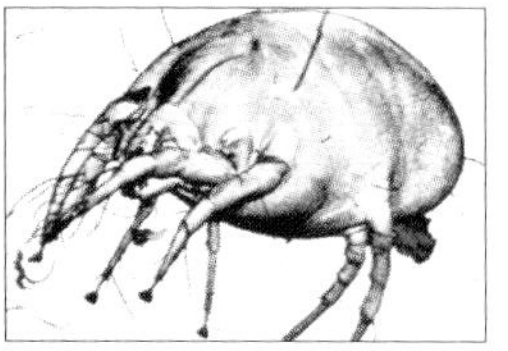

Eine Hausstaubmilbe durchs Mikroskop gesehen.

Wenn Sie eine Hausstauballergie haben, werden Sie die auslösenden Allergene nie vollständig meiden können, aber Sie können Ihre Beschwerden deutlich bessern, indem Sie die folgenden Tips zur Hausstaubsanierung befolgen:

Wie führen Sie eine Hausstaubsanierung durch?

- Entfernen Sie konsequent alle Staubfänger aus den Wohn- und vor allem Schlafräumen: Teppiche, schwere Vorhänge, Polstermöbel, Kuscheltiere aus Fell oder Stoff und so weiter.

- Benutzen Sie anstatt Federbetten lieber synthetisches Bettzeug aus Kunstfasern, das Sie jede Woche selber waschen können. Lassen Sie es auch zwischendurch einmal reinigen.

- Halten Sie die Wohnung staubfrei. Feucht abstauben oder naß aufwischen ist viel besser als Staub zu saugen; und falls möglich, putzen Sie in Abwesenheit des Patienten.

- Saugen Sie die Matratzen regelmäßig ab. Es gibt spezielle Allergikermatratzen aus Schaumstoff, die sich besonders gut sauberhalten lassen.

- Halten Sie vor allem im Schlafzimmer die Luftfeuchtigkeit unter 50 %, sonst vermehren sich die Milben zu schnell.

- Verzichten Sie auch auf Haustiere wie Katzen, Meerschweinchen und Goldhamster.

Wie entkommen Sie dem Teufelskreis?

Solange keiner der potentiellen Auslöser den Organismus stark genug beeinflußt, kommen die Symptome der atopischen Erkrankung auch nicht zum Ausbruch – bis eines Tages ein bestimmtes Ereignis dazu führt, daß die Hemmschwelle zur Krankheit doch überwunden wird und die typischen Symptome in Erscheinung treten.

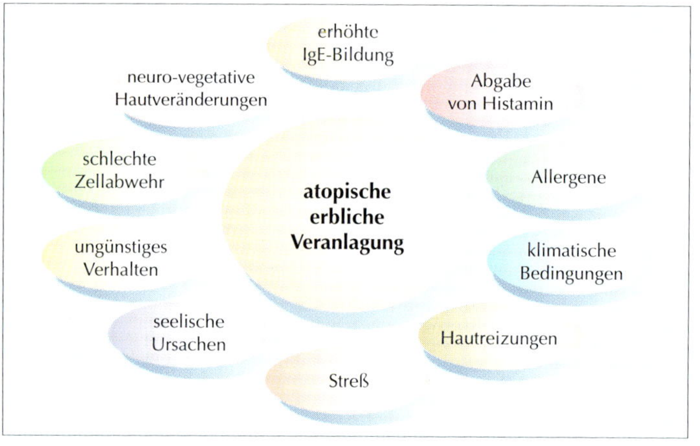

Viele verschiedene Faktoren können Neurodermitis auslösen. Oft vergehen Jahre, bis die erbrachte atopische Veranlagung zum Ausbruch kommt.

Wie entsteht der Teufelskreis?

Ist dann die Krankheit offen ausgebrochen, entsteht für den Patienten eine Reihe akuter Probleme:

- Ein Ekzem auf der Haut ist für jeden sichtbar und wird oft mit Ungepflegtsein und schlechten Charaktereigenschaften verbunden.
- Unter negativen Reaktionen der Umwelt ziehen sich Neurodermitis-Patienten oft in die Isolation zurück.
- Durch die psychischen Probleme werden auch die Krankheitssymptome schlimmer: Unwohlsein verstärkt den Juckreiz, Kratzen verschlimmert das Ekzem.
- Je schlimmer das Ekzem, um so weniger läßt es sich verstecken – und der Kreislauf beginnt von vorne.

Auch Streß kann schnell in einen Teufelskreis führen.

Selbst in einer verständnisvollen Umgebung kann ein solcher Teufelskreis entstehen, wenn nämlich der nächtliche Juckreiz so stark ist, daß er zu Schlafentzug führt und infolgedessen Nervosität, Unruhe und Konzentrationsstörungen auftreten. Es gibt so viele Aspekte an diesem Krankheitsbild, die im Grunde alle in einen Kreislauf münden, der die Krankheit in sich verschlimmert, wenn man nicht gezielt dagegen einschreitet.

Was können Sie gegen diesen Teufelskreis tun?

Wichtig ist, daß Sie als Betroffener genau über ihre Erkrankung Bescheid wissen. In Kooperation mit Ihrem Hautarzt führen Sie die für Sie passende Behandlung konsequent durch und wirken damit schon einmal der Verschlimmerung der Symptome entgegen.

Helfen Sie auch mit, die Menschen in Ihrer Umgebung sachlich über Ihre Krankheit zu informieren. Je mehr Wissen vorhanden ist, um so leichter wird der Umgang mit dem Krankheitsbild.

Wenn Sie seelisch sehr unter den Symptomen und deren Auswirkungen leiden, kann Ihnen ein therapeutisches Gespräch helfen, um wieder mehr innere Kraft und Selbstbewußtsein zu bekommen.

Schildern Sie Ihre Probleme dem Arzt Ihres Vertrauens; er hat die Erfahrung, Ihnen zuverlässig zu helfen.

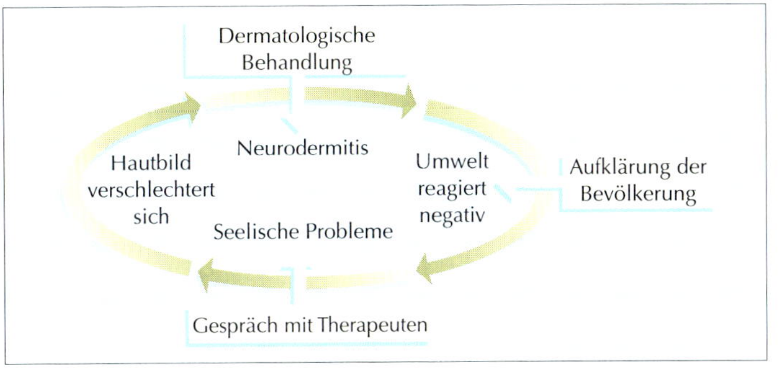

Es gibt mehrere Möglichkeiten, den Teufelskreis zu durchbrechen: Ein über seine Krankheit richtig informierter Patient, eine aufgeklärte Umwelt, aber auch ein Therapeut können hier helfen.

Wie sinnvoll ist eine Selbsthilfegruppe?

Eine Selbsthilfegruppe, in der sich betroffene Patienten zusammentun, hat heutzutage eine ganze Reihe von positiven Effekten. Man kann nur jedem Atopiker raten, sich einer solchen Gruppe anzuschließen und von deren Erfahrungen zu profitieren.

Der erste Vorteil ist natürlich, daß allein schon die Beteiligung an einer Selbsthilfegruppe für den Patienten bedeutet, daß er in die Gesellschaft anderer Menschen kommt und die soziale Isolation damit umgehen kann. Hier ist er unter Leidensgenossen; hier schaut ihn keiner schief an wegen seiner Ekzeme; die anderen kennen die gleichen Probleme und Alltagssituationen aus eigener Erfahrung.

Anschriften von Selbsthilfegruppen finden Sie im Anhang.

Auch für die Angehörigen eines Neurodermitis-Patienten ist die Selbsthilfegruppe ein Forum, wo sie Verständnis finden und ihre Erfahrungen austauschen können. Es gibt besondere Gruppen für die Eltern neurodermitiskranker Kinder; und hier sind auch spezielle Mutter-Kind-Gruppen sehr hilfreich.

Was geschieht in der Gruppe?

„Selbst ist der Mann" und „selbst ist die Frau" – sorgen Sie dafür, daß Sie genügend Informationen bekommen!

Der wichtigste Aspekt einer Selbsthilfegruppe ist die Information. Oft bleibt in der Sprechstunde des Facharztes nicht genügend Zeit, um all die Fragen ausführlich zu beantworten, die der Patient zu seinem oft sehr speziellen Ekzemleiden hat.

Hier springt die Gruppe ein und versucht, die unterschiedlichen Informationen, die der Patient aus Gesprächen, Arztbesuchen oder Büchern gesammelt hat, auf einen Nenner zu bringen. Je breiter das Basiswissen ist, um so größer ist das Verständnis für die Abläufe bei Neurodermitis, und um so besser kann sich der Patient dann für sich, seine Erkrankung und deren Behandlung einsetzen.

Über die lokalen Einzelgruppen hinaus bietet auch der überregionale Verband der Selbsthilfegruppen eine Vielzahl von Informationen. Auf diese Art werden auch neue oder alternative Behandlungsmöglichkeiten aufgezeigt und die Gedanken an einen ganzheitlich orientierten Maßnahmenkatalog nach und nach unter den Betroffenen verbreitet.

Viele Selbsthilfegruppen können sich auf die Mitarbeit eines qualifizierten Arztes verlassen. Aufgrund seiner praktischen Erfahrungen kann er die drängendsten Fragen meistens gleich beantworten und auch Verständnis für den einen oder anderen Therapievorschlag eines Kollegen fördern.

Nutzen Sie die fachliche Unterstützung, wo immer Sie sie bekommen können!

Auf dieser Grundlage können die betroffenen Patienten ihre eigenen Erfahrungen untereinander austauschen; es werden Ratschläge und praktische Alltagstips weitergegeben. Verschiedene Therapieansätze sind genauso Thema wie Ekzemverlauf, Komplikationen oder Kuraufenthalte.

Was leisten die Gruppen darüber hinaus?

Eine Selbsthilfegruppe hat zum Wohle ihrer Mitglieder eine Reihe von Schwerpunkten:

- Grundlage ist das Gemeinschaftsgefühl und ein fundiertes Basiswissen über die Erkrankung. Beides gibt Halt und Sicherheit.
- Oft werden Referenten eingeladen, die über neue Therapien berichten.
- Die Gruppe unterstützt offizielle Forderungen nach effektiven Behandlungsformen.
- Bei schwierigen Alltagssituationen oder Fragen zur Berufswahl gibt die Gruppe die nötige Unterstützung. Oft hat einer die Situation schon erlebt.
- Auch schriftliche Anträge (Badekur) oder Briefverkehr mit Institutionen werden hier gemeinsam bearbeitet.

Anhang

In diesem Buch haben Sie nun vieles über die Entstehung Ihrer Krankheit, die Ausprägungen und medizinischen Behandlungsmöglichkeiten erfahren und zahlreiche praktische Hinweise für den Alltag bekommen.

Zum Schluß bieten wir Ihnen hier eine Übersicht der wichtigsten Fachbegriffe mit einer kurzen Definition, eine Auswahl von Adressen zur allgemeinen Information und von speziellen Kurkliniken sowie ein Stichwortverzeichnis, mit dessen Hilfe Sie die Begriffe im Textzusammenhang schnell wieder auffinden können.

Was bedeutet was?

Alkaliresistenz: Widerstandsfähigkeit der Haut gegenüber alkalischen Stoffen (Seife). Ist bei Neurodermitis stark beeinträchtigt.

Allergen: Substanz, die über Atmung, Hautkontakt oder Ernährung eine allergische Reaktion auslösen kann.

Allergie: „Andere" Reaktion, meist Überreaktion des Immunsystems auf äußere Reize (Allergen).

Antihistaminika: Medikamente gegen die Freisetzung von Histamin, verhindern so den Juckreiz.

Atopie: Erbliche Veranlagung zu krankhaften oder allergischen Reaktionen an der Haut, den Bronchien oder den Schleimhäuten.

Autogenes Training: Bewußt gesteuerte Entspannungsmethode (zur Streßbewältigung oder Ablenkung bei starkem Juckreiz).

Basissalbe: Pflegecreme, -salbe oder -lotion für gesunde und erkrankte Haut. Kann so oft wie nötig aufgetragen werden.

Beugenekzem: Ekzem in Ellenbogen und Kniekehlen mit Hautvergröberung und Juckreiz, das hauptsächlich bei Kindern und Jugendlichen auftritt.

Dellwarzen: Kleine, durch Viren hervorgerufene Warzen, siedeln sich gerne in den Beugen an.

Ekzem: Nicht ansteckende Hautentzündung, oft von Juckreiz begleitet.

Furunkel: Entzündung des Haarfollikels, eitrig und oft sehr schmerzhaft.

Hausfrauenekzem: Schmerzhaftes Ekzem der Hände, tritt häufig durch viel Arbeiten in Wasser und Waschmitteln auf.

Hausstaubsanierung: Spezielle Pflege der Wohn-Umgebung, um den Befall durch Hausstaubmilben zu verhindern.

Herpes simplex: Virus, der das Allgemeinbefinden beeinträchtigt und Bläschen hervorruft.

Histamin: Substanz in der Mastzelle der Haut; wird bei einer allergischen Reaktion freigesetzt und verursacht dann starken Juckreiz.

Hyposensibilisierung: Therapie, die durch Gewöhnung an das Allergen die Reaktionsbereitschaft des Organismus herabsetzt.

IgE-Antikörper: Immunglobulin E; Abwehrstoff, der bei 80 % der Neurodermitiker in zu großer Menge vorkommt.

Intrakutantest: Das fragliche Allergen wird für den Test in die Haut hineingespritzt.

Kandidose: Hefepilz-Infektion

Karbunkel: Ansammlung von Furunkeln (entzündete Haarfollikel).

Keratinozyten: Hornbildende Zellen, schützen die Haut gegen Einflüsse von außen.

Kontaktekzem: Spezielle Ekzemart, tritt nach Kontakt mit der allergieauslösenden Substanz auf wie zum Beispiel Nickel.

Kortison: Hormon der Nebennierenrinde; wird auch künstlich hergestellt.

Lichenifikation: Verdickung und Vergröberung der Hautoberfläche.

Mastzellen: Hautzellen, die Mediatoren beinhalten und in bestimmten Situationen ausschütten.

Mediatoren: Juckreizfördernde Substanzen in den Mastzellen, zum Beispiel Histamin.

Melanozyten: Hautzellen; sie bilden den Farbstoff Melanin und schützen damit vor gefährlicher ultravioletter Strahlung.

Milchschorf: Säuglingsekzem, tritt hauptsächlich am Kopf auf; hat seinen Namen wegen der Ähnlichkeit mit verkrusteter Milch.

Nickelekzem: Ein allergisches Kontaktekzem, entsteht nach Kontakt mit Nickel.

Pricktest: Allergietest, bei dem die fragliche Substanz leicht in die Haut eingestochen wird.

Prurigo: Form der Neurodermitis, die sich in Knötchenbildung und starkem Juckreiz äußert.

RAST-Test: „Radio-Allergo-Sorbens-Test"; Bluttest zur Bestimmung von Allergenen.

Scratchtest: Die fraglichen Substanzen werden auf die leicht angeritzte Haut aufgetragen.

Staphylokokken und **Streptokokken:** Bakterielle Erreger, auch Haufenkokken und Kettenkokken genannt.

SUP-Therapie: Selektive UV-Phototherapie, ursprünglich zur Behandlung der Schuppenflechte entwickelt.

Syndet: Synthetisches Detergens (= Waschpräparat). Ist für die Haut verträglicher als gewöhnliche Seifen.

Talg: Wird von der Haut produziert und ist als Bestandteil des Wasser-Lipid-Mantels ein wichtiger Schutzfaktor.

T-Lymphozyten: Weiße Blutkörperchen zur Abwehr von Bakterien, Pilzen und Viren.

Toxisch-degeneratives Ekzem: Durch Kontakt mit toxischen (giftigen) Stoffen ausgelöstes (nicht-allergisches) Ekzem.

Typ-1-Reaktion, Typ-4-Reaktion: Sofortreaktion und Spätreaktion; Klassifizierung einer allergischen Reaktion nach der Zeitspanne des Auftretens und nach Beteiligung des Abwehrsystems.

Wasser-Lipid-Mantel: Wasser-Fett-Schicht der Hautoberfläche, die eine wichtige Schutzfunktion ausübt.

Windeldermatitis: Säuglingsekzem im Windelbereich, verschlimmert durch überlagernde Hefepilze.

Wo finde ich weitere Hilfe?

Hilfe und genauere Informationen finden Sie zum einen direkt bei den Kliniken, zum anderen bei einer der zahlreichen Selbsthilfe-Organisationen. Hier haben Sie eine Auswahl von wichtigen Adressen:

Allergie- und Hautklinik Norderney, Lippestr. 9–11, D-26548 Norderney, Tel 0 49 32/80 50

Asklepios Nordseeklinik, Norder Str. 81, D-25980 Westerland/Sylt, Tel. 0 46 51/8 40

Klinik für Dermatologie und Allergie Davos, Tobelmühlestr. 2, CH-7270 Davos, Tel. 00 41/81/4 14 77 77

Fachklinik für Psychosomatische Dermatologie und Psychotherapie Wersbacher Mühle, D-42799 Leichlingen-Witzhelden, Tel. 0 21 74/39 80

Kinder-Reha-Zentrum Fehmarn, Südstrandpromenade, D-23769 Burg/Fehmarn, Tel. 0 43 71/50 12 22

Klinik Borkum Riff, Fachklinik für Dermatologie der BFA, Hindenburgstr. 126, D-26757 Borkum, Tel. 0 49 22/30 20

Klinikzentrum Bad Sulza, Rudolf-Gröschner-Str. 11, D-99518 Bad Sulza, Tel. 03 64 61/90

Nordsee-Reha-Klinikum, St. Peter-Ording, Fritz-Wischer-Str. 3, D-25826 St. Peter-Ording, Tel. 0 48 63/70 60

Wasserschloßklinik, Bettenwarfen 2–14, D-26427 Neuharlingersiel, Tel. 0 49 74/1 60

Arbeitsgemeinschaft Allergiekrankes Kind e. V., Hilfen für Kinder mit Asthma, Ekzem (Neurodermitis) oder Heuschnupfen, Hauptstr. 29, D-35745 Herborn, Tel. 0 27 72/92 87 30, Fax 0 27 72/92 87 48 (Broschüren über spezielle Themen der Neurodermitis bei (Klein-)Kindern, Informationen zur Selbsthilfe)

Bundesverband Neurodermitiskranker in Deutschland e. V., Oberstr. 171, D-56135 Boppard, Tel. 0 67 42/8 71 30, Fax 0 67 42/27 95 (Berät bzw. unterhält ca. 100 lokale Einzelgruppen)

Deutsche Haut- und Allergiehilfe e. V., Fontanestr. 14, D-53173 Bonn, Tel. 02 28/35 10 91, Fax 02 28/36 37 43 (Zahlreiche Informationsbroschüren, erstellt in Zusammenarbeit mit Hautärzten)

Deutscher Allergie- und Asthmabund e. V., Hindenburgstr. 110, D-41061 Mönchengladbach, Tel. 0 21 61/18 30 24, Fax 0 21 61/20 85 02, Beratungstelefon: 0 21 61/1 02 07 (tgl. von 9.30–12.30 Uhr)

Deutscher Neurodermitiker Bund e. V., Spaldingstr. 210, D-20097 Hamburg, Tel. 0 40/23 07 44 und 23 08 10, Fax 0 40/23 10 08 (Vermittelt Kontaktadressen von lokalen/regionalen Selbsthilfegruppen)

NAKOS – Nationale Kontakt- und Informationsstelle zur Anregung und Unterstützung von Selbsthilfegruppen, Albrecht-Achilles-Str. 65, D-10709 Berlin, Tel. 0 30/8 91 40 19, Fax 0 30/8 93 40 14 (Adressen von lokalen/regionalen Gruppen, persönliche und fachliche Beratung, Seminare, Tagungen; Broschüren, Faltblätter, Plakate, Arbeitshilfen)

Sachregister